Fundamentos del Universo Dialéctico

Gabrino Fernández Gardea

Publicado por Ibukku, LLC
www.ibukku.com
Diseño y maquetación: Diana Patricia González J.
Diseño de portada: Ángel Flores Guerra B.
Copyright © 2023 Gabrino Fernández Gardea
ISBN Paperback: 978-1-68574-676-6
ISBN Hardcover: 978-1-68574-678-0
ISBN eBook: 978-1-68574-677-3

Índice

INTRODUCCIÓN

Para mi forma de ver las cosas, los hombres de ciencias, principalmente físicos y astrónomos del siglo XX y XXI se han introducido a un camino estrecho y confuso en el cual se avizoran sendas que no nos llevan a buen puerto, sino que por el contrario nos llevan a un derrotero que no auguran nada bueno, porque los planteamientos que utilizan ahora pareciera que no concuerdan con la realidad que debiera haber en la naturaleza. ¿Por qué digo esto? Porque ahora los físicos y astrónomos nos hablan de energía obscura, de materia obscura, de energía del vacío y de partículas virtuales para explicar los fenómenos que ocurren en el universo, pero sin ninguna base científica que les permita a ellos y a nosotros aceptar esos conceptos. Todo parece que no estamos tratando con hombres de ciencia, sino que estamos tratando con unos reverendos alquimistas. La naturaleza no puede ser tan complicada como nos la quieren presentar.

La naturaleza debe tener un comportamiento simple y sencillo y no de rebuscados procesos hipotéticos y absurdos, que más que físicos pareciera que son mágicos. Todo científico debe apegarse al método científico de la observación y la experimentación y no exponer ideas nada más porque sí que nos sacan de la realidad, más vale que nos digan que no se sabe cómo funciona el universo y no tratar de entenderlo con conceptos como los mencionados en el párrafo anterior.

Cuando los científicos usan teorías que no tienen bases sólidas lo que sigue es la divagación al tratar de explicar la realidad de lo que ocurre en la naturaleza. Por ende, cuando uno se encuentra en un callejón sin salida, no hay de otra más que echar marcha atrás y retomar un nuevo camino y encontrar otros fundamentos que nos permitan entender los fenómenos que se dan en la naturaleza. Si las ciencias físicas están fallando, entonces es necesario buscar en otros senderos que nos digan cuál es nuestro error y encontrar otra solución al problema que nos presenta la física y la astronomía.

La única ciencia que nos puede brindar esperanzas de salvación es la filosofía porque nos da herramientas para corregir el rumbo al que nos han llevado los científicos en la actualidad. Por eso vamos a echar un vistazo a los métodos filosóficos que se han propuesto en el transcurso del tiempo de la humanidad para explicar la naturaleza en que vivimos. Primeramente, la filosofía se define como el conjunto de razonamientos lógicos y metódicos sobre conceptos abstractos que tratan de explicar las causas y fines de la verdad, la realidad, las experiencias y nuestra existencia. La definición de la filosofía nos lleva a un panorama muy amplio de la realidad y nos obliga a tomar en cuenta lo que significan los conocimientos que nos aportan las tres grandes ciencias que nos muestran cómo se comporta la realidad y obtener de ellas la verdad de lo que sucede en la naturaleza y esto solo lo hacen las ciencias naturales, las ciencias sociales y las ciencias filosóficas. Nosotros nos apoyaremos en las ciencias naturales y filosóficas, claro, sin menospreciar a las ciencias sociales, pero consideramos que estas dos ciencias nos brindan bases sólidas para afirmar que nuestros postulados están acordes a lo que sucede en la naturaleza y sobre esos postulados se refiere este documento.

La historia nos muestra que fue Pitágoras el primero en utilizar el término de filosofía para dar la sensación de que era amigo de la sabiduría e indicar que también era amigo de ella. La filosofía, pues, nos permite tratar de explicar la realidad e imaginar cómo se comporta por medio de razonamientos lógicos y metódicos y así fue como Aristóteles concibe un universo eterno y finito, donde la Tierra era el centro del mismo y donde los astros como la Luna, Mercurio, Venus, Marte, Júpiter, Saturno, Neptuno y las estrellas estaban embutidos en esferas concéntricas a la Tierra, las cuales giraban por la acción de una esfera externa a las otras, esta última con la peculiaridad de que funcionaba como un motor que era capaz de mover a todas las demás esferas que portaban a los astros, pero, sosteniendo que los astros no tenían ningún movimiento propio, que solo se movían por el movimiento de las esferas y estas por la acción de la esfera externa que significaba el fin o hasta donde llegaba o terminaba el universo. Desde luego que Aristóteles al fin de cuentas acepta que ese motor adquiría su energía de algo divino. Quizás esa es la razón por la cual las sectas religiosas de la antigüedad aceptaron a la filosofía aristotélica como propia porque coincidía con los preceptos que difundían acerca de cómo era la creación del universo, siempre utilizando lo divino o un ser divino como medio de esa creación universal. Leucipo fue otro filósofo griego contemporáneo de Aristóteles que afirmaba que la materia estaba formada por pequeñas partículas. Su discípulo Demócrito desarrolló esta idea y llamó a las pequeñas partículas átomos, las cuales eran estructuras sólidas que no se podían destruir ni dividir. Demócrito aseguraba que todos los átomos estaban hechos del mismo material, pero con diferentes formas y tamaños. Esta concepción de la materia se contraponía al pensamiento de Aristóteles que afirmaba que las cosas de la naturaleza estaban formadas mediante la combinación de cuatro elementos fundamentales como son tierra, agua, aire y fuego. Por supuesto que esta idea de los cuatro elementos de Aristóteles predominó en esos tiempos más que la teoría de los átomos de Demócrito. Para la gente de ese entonces, pues era más del sentido común pensar que la naturaleza estaba formada por tierra, agua, aire y fuego, que por partículas pequeñas e indivisibles. Razón por la cual la filosofía aristotélica predominó por casi dos mil años. Pero una forma errónea de ver la naturaleza no puede perdurar para siempre, llega el momento en que surge un cambio en las relaciones sociales, entre las culturas y las circunstancias de la vida que es ya imposible sostener una visión aristotélica de los fenómenos naturales y del universo, así en el siglo XVI en una época que era impensable imaginar que la Tierra no era el centro del universo, Nicolás Copérnico afirmaba que la Tierra era como cualquier otro planeta que gira alrededor del Sol. En la antigüedad, Heráclides de Ponto y Aristarco de Samos habían formulado el heliocentrismo, pero fue Copérnico quien lo hizo público cuando en 1543 en su lecho de muerte publicó su libro *Sobre el movimiento de las esferas celes-*

tiales. Se puede decir que de la noche a la mañana cambió la percepción del universo, ya no se podía sostener el universo aristotélico y dio lugar a un universo heliocentrista, que igual al universo aristotélico este terminaba en el firmamento del cielo. Galileo Galilei tuvo el honor de demostrar que la teoría heliocéntrica de Copérnico estaba correcta mediante la observación de las lunas que orbitan alrededor de Júpiter. Galileo que utilizó su telescopio pudo constatar que los cuerpos de menor masa giran alrededor de los que tienen mayor masa. Copérnico y Galileo dejaron tambaleando los pilotes que sostenían las bases de la filosofía aristotélica, hasta que llegó Isaac Newton a darle el tiro de gracia al formular que existe una fuerza gravitacional que se da entre todos los cuerpos que tengan masa, la cual es directamente proporcional al producto de sus masas e inversamente proporcional a la distancia que los separa. La fuerza gravitacional es la clave para que todo el mundo pueda comprender el funcionamiento del universo, de entender cómo surgieron el Sol y sus planetas y el porqué de las órbitas planetarias alrededor del Sol. La idea de la fuerza gravitacional lleva a Newton y a los estudiosos de su tiempo a concebir un universo absoluto donde el espacio debe tener existencia por sí mismo, ser euclídeo, tridimensional, constante u homogéneo. Isaac Newton como gran filósofo, físico y matemático contribuyó de manera excepcional a la transformación del pensamiento contemporáneo y nuevas bases para entender los comportamientos que sucedían en los fenómenos de la naturaleza. La utilización de los conceptos de fuerza, masa y gravedad para explicar la caída de los cuerpos en la faz de la Tierra y extrapolar esta idea a los satélites y planetas, pues elevó a Newton a una posición de genio. Otro mérito de Newton fue el que descubrió que la luz blanca no era homogénea, sino que era el resultado de la combinación de los siete colores que aparecían en el arco iris. Desde los tiempos de Newton se dio la controversia sobre la naturaleza de la luz, ya que Newton consideraba a la luz como una partícula que se propagaba con un movimiento rectilíneo, mientras que los contemporáneos de Newton como Huygens la consideraba como una onda. Christian Huygens decía que la luz se propagaba por medio de ondas mecánicas que se producían por un foco luminoso. Como ven, Newton y Huygens entendían la luz cada uno a su manera, razón por la cual, siempre se dio una rivalidad muy fuerte entre ellos. Lo que son las cosas, hoy en la actualidad se acepta las dos naturalezas que presenta la luz, aunque generalmente la vemos como una onda, sucede que para explicar el efecto fotoeléctrico se considera que la luz se comporta como partícula.

Si analizamos lo narrado hasta ahora se puede ver que existen dos posturas sobre la comprensión de la naturaleza. Por un lado, tenemos a la corriente idealista representada por Aristóteles que proclamó un motor divino como ejecutor del movimiento de las esferas celestiales y por ende de su universo, pues cayó en el terreno de lo divino, de un ser todopoderoso con capacidad de mover su esfera celestial y por el otro lado la corriente materialista, donde Demócrito afirmaba que los elementos que hay en la naturaleza eran resultado de los átomos que se formaban de la materia existente el universo. Además, Copérnico y Galileo destruyen el idealismo de Aristóteles al comprobar que la Tierra no es el centro del universo, sino que es el Sol el que tiene ese privilegio y como dijimos antes, Newton demostró que el movimiento de los planetas no tiene nada de divino, sino que es consecuencia de una propiedad que tiene la materia de atraer a otra materia representada por su masa.

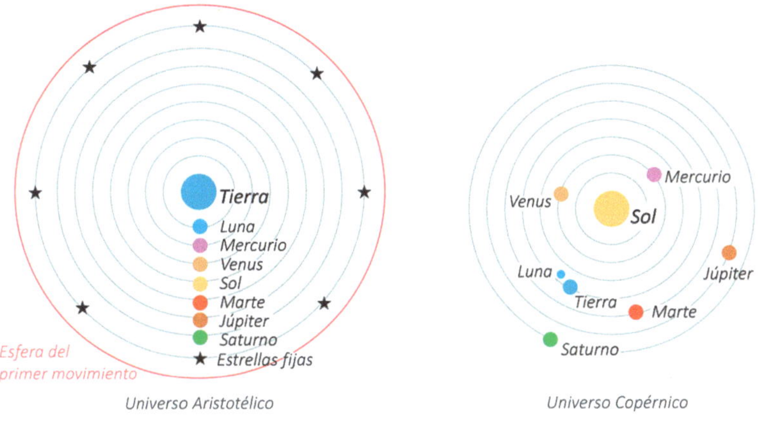

Universo Aristotélico

Universo Copérnico

Figura 1.

En el desarrollo de la humanidad estas dos corrientes filosóficas siempre se han enfrentado y cada una de ellas ha creado un modelo para explicar cómo se originó el universo. El modelo idealista afirma que primero surgió el ser y después la materia mientras que los materialistas afirman lo contrario. Así, en el siglo XIX Hegel, Engels y Carlos Marx le dieron al materialismo un matiz más profundo y revolucionario al formular que los sucesos en la naturaleza se dan por causa y efecto de una forma sucesiva, pero de una forma trascendental porque lleva la interacción de causa y efecto y del efecto a la causa a tal punto que uno de esos contrarios no puede existir sin el otro. A esta forma de ver el materialismo se le conoce como materialismo dialéctico. La dialéctica es un modo de racionamiento en el cual se propone una tesis y luego una antítesis y de donde se obtiene una síntesis de tal manera que esta síntesis la convierte en una nueva tesis y así de manera sucesiva. El materialismo dialéctico resume todos los conceptos anteriormente mencionados en las tres leyes de la dialéctica que se enuncian de la manera siguiente:

1. La unidad y lucha de contrarios.
2. La transición de la cantidad a la cualidad.
3. La negación de la negación.

Vamos a utilizar las tres leyes de la dialéctica para figurar cómo surgió nuestro universo, cómo se creó la materia y cómo fue el nacimiento de las partículas elementales para la formación de las grandes estructuras que encontramos en la naturaleza, desde un simple átomo hasta las grandes galaxias, con sus estrellas y sus masivos agujeros negros.

GÉNESIS

En el último semestre de la carrera de Licenciatura en Física y Matemáticas tuve la fortuna de impartir la cátedra de Historia de las Ciencias en la Facultad de Filosofía donde me vi obligado a leer y estudiar libros sobre el tema. Cuando leí en qué consistían las leyes de la dialéctica de inmediato sentí que se abría en mi mente la posibilidad de presentar una forma diferente de ver cómo surgió el universo. Y sobre esto, quiero tratar en el libro. Voy a tratar de desmenuzar la Teoría del Big Bang y compararla con un nuevo modelo del universo dialéctico de tal forma que el lector ponga mis argumentos y tesis en una balanza y decida qué teoría se ajusta más a la realidad. Claro que no va a ser fácil competir con físicos y astrónomos que dan por hecho y cierto lo que propone la Teoría del Big Bang, pero lo cierto es que también la teoría del Big Bang arrastra una serie de problemas y anomalías que expondremos a la consideración de ustedes y puedan decidir si el modelo dialéctico es compatible con la naturaleza, ya que ella es la que tiene junto con ustedes la última palabra. El primero en hablar sobre el Big Bang fue el Físico Danés George Lemaitre que propuso que si el universo se estaba expandiendo es porque empezó desde un punto, esto es como regresar la película al inicio de esta. Lemaitre llamó átomo primigenio o huevo cósmico a lo que dio principio y origen a nuestro universo. Desde entonces, físicos y astrónomos han estado a favor o en contra del Big Bang. Uno que no estaba a favor de la teoría del Big Bang fue el astrofísico Ingles Fred Hoyle que era partidario de la existencia de un universo en estado estacionario y no de un universo en expansión por lo que de manera burlona y despectiva lo bautizó como Big Bang y digo bautizó porque desde entonces así se le conoce con ese nombre.

En 1948 George Gamou vaticinó que si el universo tuvo un crecimiento repentino y a gran velocidad debería forzosamente dejar rastros e indicios en todos los confines del universo. Así, casi veinte años después, en 1965 se detectaron, de manera casual, ondas electromagnéticas que llegaban a la Tierra, que provenían de todos los rincones del universo, no importando en qué dirección se colocara la antena receptora, esta siempre estaba recibiendo dichas ondas. Este fenómeno se conoce como radiación de fondo de microondas y se supone que es consecuencia de la gran explosión que significó el Big Bang.

Pero ¿cómo inició el Big Bang? Ya dijimos que para Lemaitre su inicio fue de un átomo primigenio, pero luego los físicos y astrónomos empezaron a decir que el universo surgió de una fluctuación cuántica o de una singularidad gravitacional. La mecánica cuántica por sí misma no puede llegar a conocer lo que pasa en el inicio del Big Bang o en un tiempo cero, porque sus leyes la limitan a lo que se conoce como la era de Planck, la cual tiene una duración de 10^{-43} segundos. Así que, para mí la fluctuación cuántica, como origen del universo, está eliminada por insuficiencia de datos. La mecánica cuántica tiene un lapso en que no sabe qué está ocurriendo en el principio del universo. Entonces, tenemos que aceptar la segunda opción en la cual el universo comenzó por una singularidad gravitacional. Una singularidad infinitamente densa de dimensión cero que explotó en un tiempo cero de tal forma que al transcurrir un tiempo de $10\,x^{-43}$ segundos el universo adquirió una temperatura de 10^{38} grados Kelvin y una cantidad casi infinita de energía.

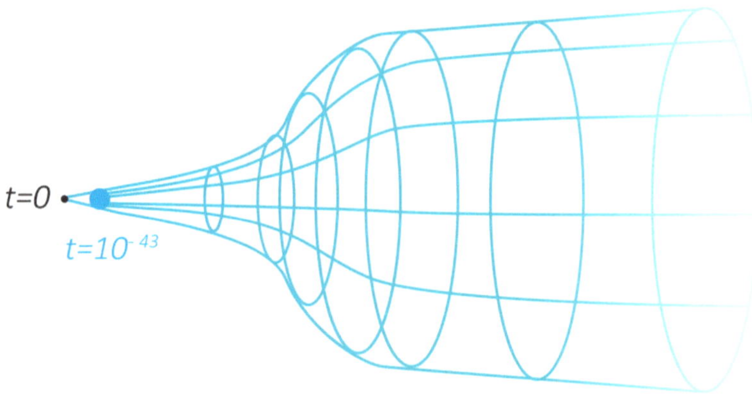

Figura 2.

De lo narrado anteriormente se puede decir que aquí surge el primer problema de la teoría del Big Bang o de la teoría estándar de la cosmología, porque es lógico suponer que de la nada no surge nada y por ello y por esta razón de aquí en adelante llamaremos *el principio de la nada* al hecho de no aceptar que de la nada pueda surgir algo. Por lo pronto, por el origen del Big Bang se puede precisar que se viola el principio de la nada, el principio de la causalidad y el principio de la conservación de la energía. ¿Cuál fue la causa para que de la nada emergiera tanta energía? La singularidad gravitacional no es suficiente para aceptar que esa fue la causa que originó la explosión, ni que sea la fuente de donde proviene toda esa energía. Para los físicos y astrónomos todo proceso del origen del universo fue espontáneo, sin ninguna razón de ser, solo se dio y ya, pero para nosotros hasta podemos catalogarlo como algo arbitrario, algo sin sentido y fuera de toda lógica. Por otro lado, nuestro universo tiene dos características fundamentales, una es que es homogéneo y la otra es que es isotrópico en todo el universo visible, ajeno a un universo que nace del caos o lo que signifique una explosión descomunal. Por donde se le vea, las bases del Big Bang presentan grietas y falta de solidez en su concepción, así como, en sus leyes físicas fundamentales. Como se ve el panorama, la teoría del Big Bang no es congruente con la realidad que nos presenta la naturaleza cuando nos muestra su homogeneidad y su isotropía.

Ante la realidad de lo que significa una explosión, los físicos se dieron cuenta de que esto no correspondía con la realidad del universo, por lo que tuvieron que de alguna manera borrar todo indicio de ella y allanar el camino proponiendo como forma de solución la etapa de la inflación cósmica. La propuesta de la inflación cósmica consiste en una expansión del espacio a una velocidad mayor en dos o tres veces la velocidad de la luz o quizás a una velocidad mucho mayor porque esto sucedió en el transcurso de 10^{-36} segundos a 10^{-33} segundos y con una temperatura ambiental de 10^{18} Kelvin según el modelo estándar de la cosmología.

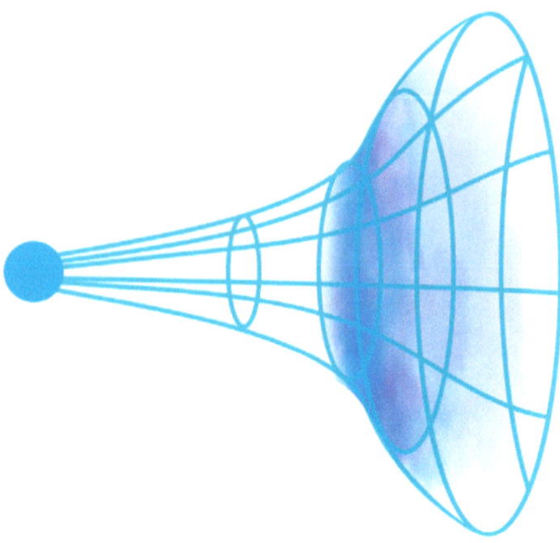

Figura 3.

Por supuesto que la inflación cósmica además de violar los tres principios antes mencionados también viola el principio de la relatividad al afirmar que se produjo la expansión del universo a una velocidad mayor a la de la velocidad de la luz, pero en tres o cuatro veces su magnitud, cuando el principio no permite por ningún motivo superar dicha velocidad. La etapa dos del desarrollo del universo de acuerdo con la teoría del Big Bang consiste en afirmar que se dio la inflación cósmica en el principio del universo. No se puede uno imaginar de dónde salió toda esa energía para que el universo se expandiera de esa manera. Los físicos aseguran que no se está violando el principio de la relatividad porque en ese momento aún no había masa en el universo temprano, solo había energía porque aún no estaba presente el campo de Higgs en el universo y si estaba presente, el campo debería tener un potencial cero. Sea como sea, los físicos y astrónomos utilizan todo tipo de argumentos y artimañas para que la teoría del Big Bang concuerde con la realidad presente en la naturaleza sin importar que se violen todos los principios y leyes de la física fundamentales existentes.

Según el modelo estándar de la cosmología el universo actual pasó por seis etapas en su formación. La primera etapa es cuando se dio la gran explosión y donde los físicos aseguran que las cuatro fuerzas de la naturaleza se encuentran unidas. Han de saber que esas fuerzas son la fuerza electromagnética, la fuerza gravitacional, la fuerza fuerte y la fuerza débil. En esta etapa las cuatro fuerzas se encuentran mezcladas entre sí y la segunda etapa de la cual ya hablamos se refiere a la inflación cósmica. Es necesario hacer una pauta en este momento y no adelantarnos tanto en la exposición de la teoría del Big Bang y quedarnos en la primera y segunda etapas de la formación del universo, para entrar al tema de cómo se formó el universo de acuerdo con el modelo dialéctico y así ir confrontando los dos modelos etapa por etapa.

El universo dialéctico surge de la aplicación de la primera ley de la dialéctica que habla de la unidad y lucha de contrarios. El lector se ha de preguntar ¿en qué consiste esta ley? Para entenderla es menester reconocer que la naturaleza está formada por contrarios. Para todo hay un contrario, es como una ley natural que quieras o no quieras siempre encuentras un contrario. Cualquier concepto que se te venga a la mente tiene su contrario. Si dices iluminación está la oscuridad, si dices bueno está lo malo, si hombre, está la mujer, la paz, pues la guerra, si yin pues el yang y así sucesivamente. Pero la dialéctica asegura que esos contrarios siempre están luchando, pero no en una lucha a vencer o destruir sino en una lucha que se da de tal forma que no puede existir el uno sin el otro. Voy a poner un ejemplo en el cual cada uno de nosotros lo llevamos intrínsecamente, lo llevamos en nuestro interior y que nos hará reflexionar sobre nuestra existencia, se trata sobre la vida y su contrario la muerte. Cada uno de nosotros mantiene una lucha entre la vida y la muerte porque para vivir hay que morir y hay que morir para vivir. De esto no nos percatamos y ni nos damos cuenta, pero cuando hemos cumplido los veinticinco años de vida todas las células con que nacimos ya se murieron. Anteriormente se creía que las neuronas del cerebro no se reproducían, pero hoy en la actualidad se sabe que esto no es cierto, las células cerebrales también nacen y mueren. La pregunta obligatoria sería ¿cuántas veces hemos renacido o cuántas veces hemos muerto? La primera ley de la dialéctica habla sobre esto como un proceso continuo y casi podemos decir que obligatorio, porque si un contrario se rebela pues de inmediato tenemos un problema. Cuando una de nuestras células se niega a morir es porque tenemos una enfermedad llamada cáncer, síntoma que de seguro nos lleva a la muerte y la única forma de evitarla es matando o eliminando a esas células que se niegan a morir o que quieren ser eternas. Con lo expuesto en los párrafos anteriores presumo que los lectores estén de acuerdo de la existencia de los contrarios en la naturaleza y en nuestra vida cotidiana y entender en qué consiste la primera ley de la dialéctica.

Ahora vamos a entrar de lleno al tema que nos ocupa. No es necesario ser un científico para saber que solo dos cosas nos rodean. Nuestro contorno está compuesto de solo dos cosas presentes; materia y luz. Para donde volteemos solo encontramos materia y luz. Así que nos ocuparemos de estos dos términos y por ello vamos a hablar primero sobre la materia y luego lo haremos sobre la luz. Nosotros tenemos un cuerpo que nos da forma porque estamos compuestos de millones y millones de átomos y tenemos peso porque cada uno de esos átomos tiene materia en su interior que es atraída por la gravedad de la Tierra. Podemos dar por hecho que nosotros y hasta la más remota galaxia está compuesta por materia. Existe otra forma de expresar lo que es la materia y es mediante la masa. La masa es una cantidad escalar que expresa la cantidad de materia que hay en un cuerpo u objeto cuyo valor es constante y no depende para nada de la gravedad. No hay que confundir entre masa y peso. El peso es una fuerza como lo dice la segunda ley de Newton: la fuerza es resultado de multiplicar la masa por la aceleración que en este caso es la aceleración de la gravedad. Otra propiedad que presenta la masa es la inercia. La primera ley de Newton dice que todo objeto tiende a estar en reposo o en movimiento rectilíneo uniforme siempre y cuando no exista una fuerza que modifique ese estado. El movimiento rectilíneo uniforme es porque siempre se desplaza en una recta y uniforme porque recorre distancias iguales en tiempos iguales. La inercia es la incapacidad que tienen los cuerpos de cambiar por sí mismos el estado en que se encuentran ya sea de reposo o de movimiento constante que mantienen. La inercia de los cuerpos se mide por su masa. Un objeto tiene más inercia que otro porque cuenta con más masa. Para modificar el estado de reposo o de movimiento de un cuerpo necesitamos aplicar una fuerza. Newton dedujo que debe existir una fuerza de atracción entre un objeto y la Tierra, solo así se puede entender por qué los objetos caen. Calculó que la magnitud de esa fuerza era directamente proporcional al producto de sus masas e inversamente proporcional al cuadrado de la distancia que las separa. Newton no se conformó solo con esto, sino que extrapoló esta idea para incluir a los cuerpos celestiales y afirmar que ellos también caían como lo hacen los objetos en la Tierra. La ley de la gravitación universal de Newton se cumple para todos los objetos que se hallen en el universo. Henry Cavendish encontró el valor de la constante de proporcionalidad de la ecuación de la ley de la gravitacional universal de Newton de forma experimental denotada por G y encontrándole un valor de 6.67 por 10^{-11} metros cúbicos divididos por kilogramo y segundos cuadrados:

$$F = G\,\frac{m_1 m_2}{r^2}$$

Aquí es necesario hacer notar que aparentemente en todo el universo solo existe la fuerza de atracción entre las masas y no existe para nada una fuerza de repulsión entre ellas, violando con ello la primera ley de la dialéctica que asegura que todo concepto tiene un contrario y por lo tanto debe de haber una masa especial que repela a la masa que más abunda en el universo. Más adelante demostraremos que sí existe ese contrario, que podemos decir que hay masa positiva y una masa negativa, pero con un comportamiento muy peculiar porque vamos a demostrar qué masas del mismo signo se atraen y qué masas de signo contrario se repelen.

Después de todo, Demócrito tenía razón cuando propuso que la materia estaba compuesta por átomos. Tuvieron que pasar veintitrés mil años para que en 1803 Dalton confirmara que de verdad Demócrito estaba en lo correcto. Dalton que experimentó con gases pudo constatar que efectivamente la naturaleza está constituida por átomos, pero resulta que Dalton cometió el mismo error que hizo Demócrito al considerar que los átomos eran indivisibles. El concepto de indivisibilidad del átomo fue destruido por J. J. Thomson cuando en 1897 descubrió unas partículas más pequeñas que el átomo, las cuales poseían carga eléctrica negativa a las que llamó electrones. Con el descubrimiento de los electrones los científicos multiplicaron los experimentos sobre la materia y pronto hubo resultados sorprendentes, porque luego se descubrió una nueva partícula con carga positiva a la que llamaron protón y unos años después se descubrió otra partícula sin carga eléctrica y con más masa que el protón a la que se le llamó neutrón. Cabe mencionar que estas tres partículas son esenciales para que existan todos los objetos que vemos en el universo, sin ellas no sería posible entender todos los fenómenos que ocurre en la naturaleza. Con el paso de los años los aparatos de medición se fueron perfeccionando y esto permitió que los experimentos se fueran refinando y con ello se empezó a detectar propiedades muy extrañas en las tres partículas fundamentales tan inverosímiles que los científicos tuvieron que crear una nueva física que incluyera esos fenómenos raros que pasaban con los electrones, protones y neutrones. Se comportaban como partículas, pero bajo ciertas condiciones también se comportaban como ondas. Derivado del comportamiento ondulatorio del electrón y el protón en 1924 Louis de Broglie en su tesis doctoral dijo que el electrón tenía una longitud de onda asociado a él y que esta longitud de onda era inversamente proporcional a su movimiento lineal. Ha de saber el lector que el momento lineal es igual a multiplicar la masa del electrón por la velocidad con la que se mueve. La expresión matemática se escribe de la siguiente manera:

$$\lambda = \frac{h}{p} \; donde \; si \; p = mv \; tenemos \; que \; \lambda = \frac{h}{mv}$$

Donde λ es la longitud de onda del electrón, h la constante de Planck, p es el momento lineal, m es la masa del electrón y v la velocidad con la que se desplaza. Las partículas fundamentales tienen doble comportamiento ya que en ciertas circunstancias presentan propiedades de partícula y en otras situaciones lo hacen como si fueran ondas. Se dice que los electrones, así como los protones y neutrones tienen dualidad de partícula-onda. La propiedad ondulatoria que manifiestan las partículas fundamentales es de suma importancia para que el lector entienda que si se puede dar un universo dialéctico como lo ilustraremos más adelante. Por lo pronto y bajo ciertas condiciones, las partículas fundamentales experimentan fenómenos de refracción, difracción y producen también patrones de interferencia como lo hacen las ondas luminosas. Por supuesto que esto parece inverosímil porque no se puede entender cómo la ecuación de de Broglie le asocia una longitud de onda a unas partículas que tienen masa, pero la ecuación de de Broglie también nos lleva a interpretar y afirmar que la masa ondula o que la materia siempre está vibrando. Habíamos dicho que lo único que se encontraba alrededor de nosotros era materia y luz, pero ahora con los experimentos de refracción, difracción e interferencia de las partículas fundamentales que tienen masa podemos decir que lo que nos rodea es masa ondulante y luz.

Pero ¿cómo se comporta la luz? Así como hablamos de la materia, ahora tenemos que ocuparnos de la luz. La luz es una onda electromagnética por lo que vamos a explicar cómo funciona una onda. Para ello vamos a imaginar una cuerda fija a una pared y bien tensa, si la sujetamos con la mano por el extremo libre y le damos un movimiento hacia arriba y luego hacia abajo, esto hace que en la cuerda se forme una onda que se propaga a lo largo de la cuerda.

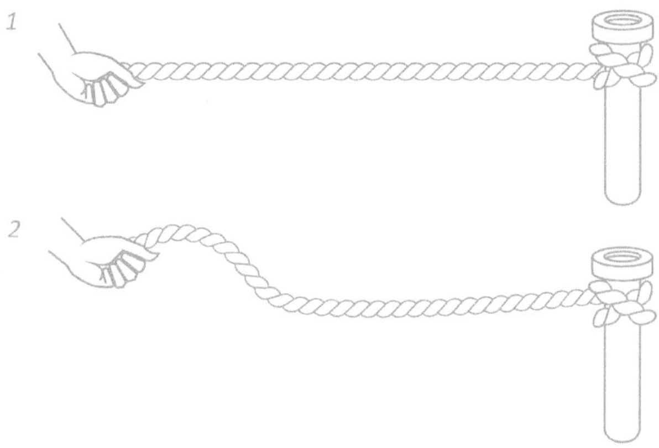

Figura 4.

La distancia A que recorre la mano en subir y bajar es la amplitud de la onda y ese movimiento produce un impulso que viaja por toda la cuerda. Al subir y bajar la cuerda le transmitimos energía de nuestro cuerpo y esa energía viaja en el impulso, esto hace que la cuerda esté en reposo mientras no le llegue la energía que va en el impulso. Es muy importante que se grabe en nuestra mente que las ondas solo transmiten energía, no transmiten masa ni otra cosa, solo energía. Si hacemos el mismo movimiento en la parte inferior de la cuerda, como lo hicimos en la parte superior, entonces producimos una onda completa como se ve en la figura 5. Donde λ es la longitud de onda y A es la amplitud de la onda.

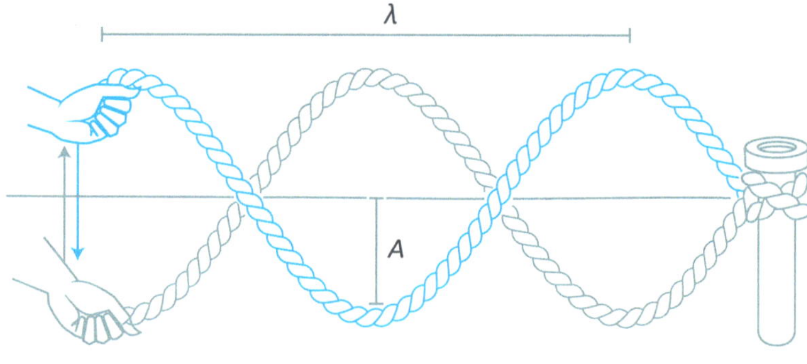

Figura 5.

Con toda la información que ya tenemos sobre la materia y la luz, estamos en condiciones de figurar cómo es nuestro universo de acuerdo con el modelo dialéctico. La dialéctica en su primera ley nos habla sobre la unidad y lucha de contrarios. Las preguntas obligadas son ¿cuáles son los contrarios en la materia?, ¿en dónde está la materia y la antimateria? La respuesta a la primera pregunta es que debe haber materia y antimateria. La materia y la antimateria son los contrarios y deben estar en una lucha continua sin destruirse porque la materia necesita de la antimateria para existir y lo mismo sucede con la antimateria. Para responder a la segunda pregunta debemos tomar en cuenta que la materia y la antimateria no deben tocarse por ningún motivo porque de inmediato se destruirían, convirtiéndose los dos contrarios en energía. La materia la hallamos en nuestro universo y no presenta ningún problema porque es lo único que encontramos en él, pero la antimateria no se ha detectado en ninguna parte de este. La antimateria debe estar en algún lugar, porque sabemos que existe debido a que se ha encontrado en los experimentos que se realizan en los laboratorios que utilizan altas energías. Hay pruebas contundentes de la existencia de la antimateria, pero ¿dónde está? La primera ley de la dialéctica nos da una pista para ubicarla, ya que, la materia y la antimateria están en una lucha continua y perpetua, pero con la condición de que no pueden tocarse en ninguna circunstancia porque desaparecen, esto puede suceder solo si la materia y la antimateria tienen su propio espacio y tiempo. De lo anterior se desprende que la antimateria nunca la podremos encontrar de forma natural en nuestro universo. Esto implica que la materia y la antimateria cuentan con su propio universo. Pero ¿qué forma tienen estos universos? De lo que hemos estado hablando en este capítulo sobre la materia y la luz. Lo único que encontraremos en cualquier dirección en que escudriñamos nuestro universo sería materia y luz. Pero al final de cuentas vimos también que de Broglie concluyó que la materia se comporta como si fuera una onda con todas las características de una onda como lo son la refracción, difracción y la interferencia, esto es como si las partículas fundamentales fueran también ondas luminosas. Por todo lo anterior podemos inferir que los universos materia y antimateria deben tener forma de onda, propagarse como ondas y comportarse como lo hacen las ondas mecánicas o luminosas. Es lógico suponer que si la materia representada en las partículas fundamentales y su complemento la luz se mueven como ondas es porque el todo, el universo, al cual constituyen es una onda. Pero ¿cómo se conecta el universo materia con el universo antimateria? Para que haya una lucha entre el universo materia y la antimateria es porque existe una conexión entre ellos. La conexión entre los dos universos se da mediante un gusano blanco. El gusano blanco tiene como única función estar transfiriendo energía de un universo al otro. Al final del libro vamos a explicar todos los pormenores de cómo trabaja y funciona el gusano blanco.

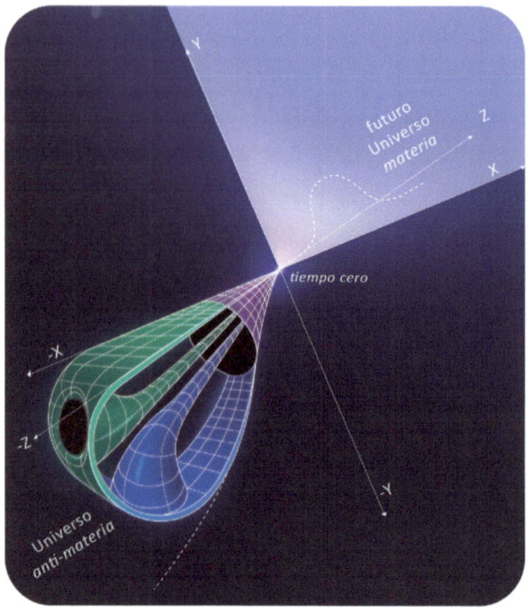

Figura 6.

Con todo lo expuesto anteriormente estamos en condiciones de confrontar la teoría del Big Bang y el modelo estándar de la cosmología con el universo o modelo dialéctico. Como dijimos al inicio del capítulo, el Big Bang asegura que el universo surge de una explosión producida por una singularidad gravitacional y en el modelo dialéctico por la acción de un gusano blanco. A consecuencia del origen que propone cada teoría, en el Big Bang se da por hecho de que se produjo casi en un instante toda la materia y energía que se encuentra presente hoy en día en el universo y en el modelo dialéctico el gusano blanco transfiere energía del universo antimateria al nuestro de una manera continua, de tal forma de como lo hacen las ondas presentes hoy en la actualidad. La teoría de Big Bang conlleva el problema de la antimateria. El principio de la conservación de la energía asegura que si se formó materia forzosamente tenía que haberse formado antimateria. Para la teoría del Big Bang esto es un gran problema porque si la materia y la antimateria surgieron en el inicio del universo, pues, no hay manera de evitar que en determinado momento se junten y se conviertan en energía y todo el universo desaparezca. Para salir del atolladero los físicos proponen que por alguna razón en la gran explosión del Big Bang se produjo más materia que antimateria y por ello en el presente queda el remanente de la aniquilación de la materia y la antimateria. Para el universo dialéctico no hay el problema de la materia y la antimateria porque cada una de ellas se encuentran en su universo. Ambos universos no se pueden tocar porque se encuentran en planos diferentes u ondas diferentes como se ve en la figura 6. Los universos materia y antimateria si se tocaran en un instante se aniquilan. La función del gusano blanco es evitar el contacto entre ellos y solo realizar la tarea de transferir energía de un universo al otro. Otro problema que arrastra la teoría del Big Bang es la falta de energía para explicar la expansión del espacio que se está dando en este momento en el universo. La teoría del Big Bang al aceptar que toda la materia y la energía existente aparecieron en el momento de nacer el universo, se queda sin energía para poder explicar el porqué de la expansión del espacio sideral. Entonces, ¿qué está pasando en el universo? Pues que el universo se está expandiendo contrario a lo que la teoría del Big Bang supone que debería suceder. Se supone que los efectos de la explosión del inicio del universo en algún momento deben disminuir y luego desaparecer, pero esto no es así. Los efectos de la explosión se están incrementando a cada momento, aunque ya hayan pasado 13 800 millones de años desde que sucedió. Es aquí donde los físicos hacen malabares y todo tipo de trucos para explicar la expansión del universo porque para explicarlo tienen que recurrir a fenómenos como la energía obscura o la energía del vacío, los cuales son términos que no cuentan con ningún sustento científico, son hipótesis no avaladas por el método científico. Los físicos y astrónomos no quieren reconocer que la teoría del Big Bang cuenta con muchas fallas y recurren a todo tipo de triquiñuelas para seguir sosteniéndola, cuando lo más sencillo y razonable es reconocer que sus bases no tienen sustento y que se están deteriorando en todo momento. Aceptar la existencia de la energía obscura y la energía de vacío como algo inherente a la naturaleza, significa estar en el camino equivocado, que más tarde que temprano los llevará a un callejón sin salida. Para reforzar esta idea vamos a referirnos al universo aristotélico que ponía a la Tierra como el centro del universo. Por este hecho un observador en la Tierra miraba que los planetas más externos a ella avanzaban en su órbita y luego retrocedían a consecuencia de la paralaje entre la Tierra y el planeta estudiado. Una teoría errónea nos lleva pues a conclusiones erróneas. El universo dialéctico no tiene ningún problema con la expansión del universo porque el universo dialéctico es una onda y como toda onda se expande y crece mientras el gusano blanco esté suministrando energía. ¿Qué tanto crecerá el universo dialéctico? El crecimiento del universo dialéctico va a depender de la energía que esté suministrando el gusano blanco a nuestro universo y por supuesto que cuando el gusano blanco agote al universo antimateria nuestro universo se detendrá y empezará a decrecer porque el gusano blanco de nuestro universo va a estar alimentando al nuevo universo antimateria.

LA CARGA ELÉCTRICA

En la etapa número tres de la creación del universo según la teoría del Big Bang, conocida también como la era de las partículas, aparecen los quarks. En esta etapa el universo tiene una temperatura de 10^{18} grados Kelvin y ha transcurrido un tiempo de 10^{-11} segundos desde que hubo la gran explosión. Es necesario hacer una breve historia de cómo se han ido detectando partículas diferentes a las fundamentales. Las primeras partículas se descubrieron en la atmósfera terrestre usando globos aerostáticos. Los científicos se dedicaron a cazar partículas energéticas provenientes del cosmos que cuando chocaban con los átomos de la atmósfera se producía una cascada de desintegraciones o de nuevas partículas las cuales se fueron clasificando y nombrando según sus características. Después con el avance de la tecnología se fueron creando grandes y complejos aparatos con los cuales se podía acelerar a los electrones y después a los protones a grandes velocidades y hacerlos colisionar entre ellos y obtener información sobre las nuevas partículas que se creaban. De esta manera, se fueron sumando do las nuevas partículas obtenidas hasta formar una familia numerosa de ellas. Así, en el transcurso de los últimos cien años los científicos han descubierto, identificado y clasificado por lo menos trescientas partículas que aparecen en los fenómenos naturales y en los colisionadores de partículas. Entre las principales partículas detectadas se incluyen a los electrones, protones, neutrones, quarks, gluones, mesones, bosones y un largo etcétera hasta llegar a la cantidad de trescientas partículas. Esta inmensa cantidad de partículas se convirtieron con el tiempo en un problemón para la comunidad científica porque no las podían relacionar con los fenómenos que ocurren en la naturaleza, ya que aparecían en la colisión y luego se desvanecían. Ante esta situación los hombres de ciencia se dieron a la tarea de designar funciones para algunas de ellas y tomaron la decisión de quitarle la categoría de partícula fundamental al protón y dársela a los quarks. De esta manera el protón cambió su fisionomía de un objeto entero con carga positiva a un objeto compuesto por tres quarks y muchos gluones. Además, como no sabían cómo se producía el magnetismo en algunos elementos naturales, decidieron que el electrón fuera el responsable de esta tarea. Otra partícula a la que se le asignó una función ajena a su naturaleza fue al electrón. Se sabe que una carga eléctrica en movimiento uniforme genera un campo magnético, así que al electrón le dieron un movimiento giratorio para que la carga eléctrica negativa distribuida en su superficie creara un campo magnético y así poder tener argumentos de cómo se presenta y se da el magnetismo en ciertos elementos químicos. El planteamiento parecía correcto para explicar el magnetismo presente en los elementos químicos, pero al calcular la magnitud de los campos magnéticos existentes en los materiales magnéticos terrestres resulta que el electrón debía girar hasta millones de veces la velocidad de la luz para producir un campo magnético con esas magnitudes. Por otro lado, la teoría de la relatividad general argumenta que ningún objeto con masa se puede mover a una velocidad igual o mayor a la velocidad de la luz, por lo que los físicos tuvieron que recular y replantear otra hipótesis para que el electrón fuera magnético y decidieron por decreto que el electrón tenía intrínsecamente un momento magnético. Una consecuencia del decreto anterior es que queramos o no queramos el electrón está girando siempre o hablando en el lenguaje de la física, el electrón tiene spin. Más adelante vamos a ver que en el modelo dialéctico el electrón lleva intrínsecamente algo magnético, pero no porque gire, sino por su origen ondulatorio. Más adelante hablaremos de otras partículas, pero por lo pronto, debe quedar clara la idea de que la comunidad científica otorga a las partículas propiedades que no son lógicas y mucho menos que se ajusten a la realidad, como veremos más adelante. Sigamos, pues, con lo que nos ocupa en este capítulo y hablemos de la carga eléctrica.

Desde el descubrimiento de los rayos catódicos se tenía la idea de que había una partícula portadora de carga eléctrica negativa. Como vimos en el capítulo anterior, fue J. J. Thomson quien con sus trabajos de investigación sobre gases confirmó la existencia de un corpúsculo portador de carga negativa cuya masa era mil veces más pequeña que el átomo de hidrógeno ionizado. Con el descubrimiento del electrón por Thomson empezó una carrera científica por calcular el valor de la carga eléctrica que el electrón portaba.

Así, en 1912 Robert Millikan y Harvey Fletcher realizaron un experimento usando gotas de aceite para calcular la magnitud de la carga eléctrica que portaba el electrón. De los datos obtenidos en el experimento obtuvieron como resultado que la magnitud de la carga eléctrica del electrón tiene un valor de 1.6 x 10^{-19} Coulomb. Es importante recalcar que hasta hoy en día no se ha encontrado una carga eléctrica menor al valor de la carga eléctrica que porta el electrón ni en el universo y tampoco en los laboratorios. Un tiempo después se encontró que el protón también portaba una carga positiva con la misma magnitud que tiene la carga del electrón. Hasta hoy los científicos no saben por qué dos partículas tan diferentes en masa y tamaño lleven consigo una carga eléctrica con el mismo valor y solo suelen decir que es por pura casualidad. Volvamos al tema del Big Bang.

En la tercera etapa de acuerdo con la teoría del Big Bang aparece en escena la fuerza fuerte y el campo de Higgs, por lo que ya están las condiciones dadas para que se formen las primeras partículas elementales. El modelo estándar de la física de partículas cambió el aspecto y dio por hecho que los protones y neutrones están constituidos por quarks y gluones. Al protón y al neutrón le asignaron tres quarks a cada uno de ellos y para equilibrar a las fuerzas de repulsión y atracción entre los quarks colocaron a los gluones como mediadores entre los quarks. Por la carga eléctrica que contienen los quarks se clasificaron como quarks up (arriba) si tienen dos tercios de carga positiva y quarks down (abajo) si tienen un tercio de carga negativa. Al protón lo formaron con dos quarks up y un quark down para que la suma total de la carga eléctrica resultara la unidad de carga; esto es $\frac{2}{3}e + \frac{2}{3}e - \frac{1}{3}e = \frac{3}{3}e = 1e$ donde e es la carga eléctrica del electrón. El neutrón está constituido por dos quarks down y un quark up para que la suma de la carga resulte cero; de acuerdo con la siguiente manera: $\frac{2}{3}e - \frac{1}{3}e - \frac{1}{3}e = \frac{2}{3}e - \frac{2}{3}e = 0e$

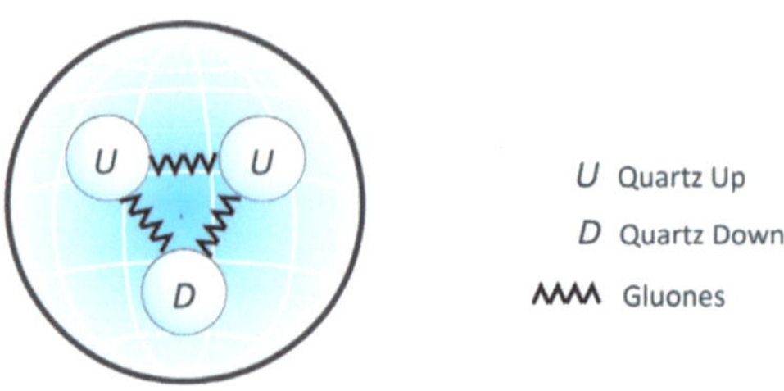

Figura 7.

La ley de Coulomb nos permite calcular la fuerza eléctrica que se produce entre dos cargas q_1 y q_2 que están separadas por una distancia r:

$$F = k\,\frac{q_1 q_2}{r^2} \quad \text{Ley de Coulomb}$$

Donde k es una constante de valor k= 9 x 10^9 N $m^2/coul^2$, q1 y q2 son las cargas eléctricas medidas en Coulomb y r la distancia que las separa medida en metros. El protón está compuesto por dos quarks con cargas positivas que se repelen entre sí y un quark con carga negativa que produce una fuerza de atracción entre ellas y las cargas positivas de los quarks. Como los quarks están contenidos dentro de la estructura del protón debe suponerse que la distancia de separación entre ellos debe de ser menor al radio del protón. Por lo tanto, calculemos la fuerza entre los quarks positivos cuando están separados por una distancia de ½ y ¼ del radio del protón.

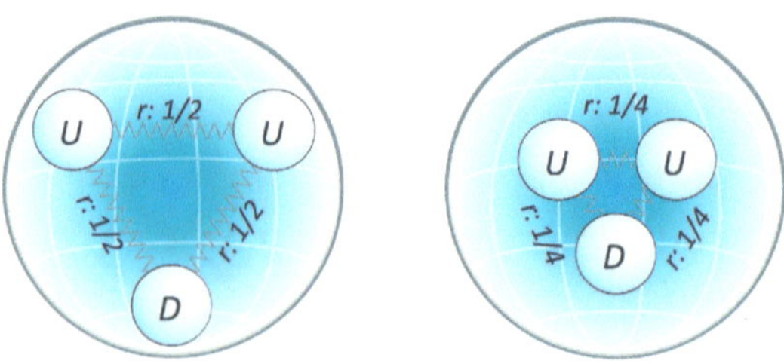

Figura 8.

Usando la ley de Coulomb tenemos:

$$F=k\frac{q1q2}{r^2} = k\frac{2/3e\times2/3e}{(\frac{1}{2}r)^2} = k\frac{4/9e^2}{1/4r^2} = 16/9\frac{e^2}{r^2}k = 1.5k\frac{e^2}{r^2}$$

donde $k\frac{e^2}{r^2}$ es la fuerza de repulsión entre dos protones que equivale a 500 Newton por lo siguiente.

Si tenemos $k\frac{e^2}{r^2}$ donde $k = 9 \times 10^9 \frac{Nm^2}{coul^2}$ e$= 1.6 \times 10^{-19}\,coul$ y r$= 8.33 \times 10^{-16}\,m$ y sustituyendo valores nos queda:

$$k\frac{e^2}{r^2} = \frac{9 \times 10^9 \frac{Nm^2}{coul^2}(1.6 \times 10^{-19}\,coul)^2}{(8.33 \times 10^{-16}\,m)^2} = \frac{23.04 \times 10^{-38} \times 10^9 Nm^2}{69.38 \times 10^{-32}m^2} = 0.332 \times 10^3\,N = 332\,N$$

Entonces la fuerza eléctrica entre dos quarks positivos separados por la mitad del radio del protón es:

$$F = 1.5k\frac{e^2}{r^2} = 1.5 \times 332\,N = 498\,N \approx 500\,N$$

De todos modos, el modelo estándar de la física de partículas considera que el radio de los quarks debe de ser cero, esto es que no tiene dimensión, es más, para el modelo estándar todas las partículas tienen radio cero excepto los electrones, protones y neutrones, lo cual significa una verdadera contradicción ya que si el protón tiene un radio de $8.33\times10^{-16}m$ como los mismos científicos lo atestiguan y los quarks que lo integran tienen un radio de cero metros, entonces es difícil imaginar cómo es el protón de acuerdo a como lo plantea el modelo estándar. Ustedes se preguntarán, entonces, ¿qué le da tamaño al protón?, si los quarks y los gluones que lo forman no lo tienen.

Aun así, ahora, calculemos la fuerza eléctrica cuando los quarks positivos están separados por del radio del protón dentro del protón; sustituyendo en la ecuación de la ley de Coulomb 1/4r en r tenemos que la fuerza es de $F= 7\,k\frac{e^2}{r^2}$ como se ve enseguida:

$$F = k\frac{q_1q_2}{r^2} = k\frac{\frac{2}{3}e\frac{2}{3}e}{\left(\frac{1}{4}r\right)^2} = k\frac{\frac{4}{9}e^2}{\frac{1}{16}r^2} = k\frac{64}{9}\frac{e^2}{r^2} = 7.11k\frac{e^2}{r^2} = 7.11 \times 332\,N = 2360\,N$$

Los gluones son los que tienen la tarea de evitar que los quarks positivos se desperdiguen y para evitarlo los gluones tienen que reaccionar con una fuerza de al menos 500 Newton o de 2360 Newton cuando los quarks están separados por ½ o ¼ del radio del protón. Para el tamaño del protón los gluones son algo extraordinarios porque realizar un esfuerzo 500 Newton o de 2360 Newton para mantenerlos juntos, pues, raya en lo imposible para unas partículas que según el modelo estándar no tienen masa. El concepto de gluon tiene su origen en la palabra inglesa *glue* que significa pegamento. Los gluones se pueden imaginar como ligas elásticas o también como resortes enganchados a los quarks para impedir que se separen o como amortiguadores para que no se junten o se toquen cuando los quarks portan cargas de signo contrario.

En el modelo dialéctico las cargas eléctricas surgen de una manera natural. Nacen por las condiciones que se van dando al irse desarrollando el universo dialéctico. En el capítulo anterior dijimos que nuestro universo nace por la acción de un gusano blanco que está interactuando entre el universo antimateria con el universo materia y que su función era estar transfiriendo energía entre ambos universos. ¿Qué tipo de energía transfiere el gusano blanco? No transfiere energía gravitacional, química, cinética, nuclear o eléctrica porque implica transmitir masa, cosa que no pueden hacer las ondas. Las ondas transmiten solo energía, así que el gusano blanco solo puede transferir energía térmica y ondas electromagnéticas. Por ello en el principio del universo la temperatura aumentó hasta 10^{38} grados Kelvin y el universo naciente se llenó por completo de ondas electromagnéticas.

Las cargas eléctricas en el modelo dialéctico son consecuencia de la interferencia de las ondas electromagnéticas. Pero ¿qué es una interferencia de onda? La interferencia es un fenómeno en el cual dos o más ondas se superponen para formar una onda resultante de mayor, menor, igual o nula amplitud. Si dos ondas iguales de amplitud A viajan por una cuerda en sentidos contrarios, al superponerse se forma una onda resultante de doble amplitud. En este caso se tiene una interferencia constructiva.

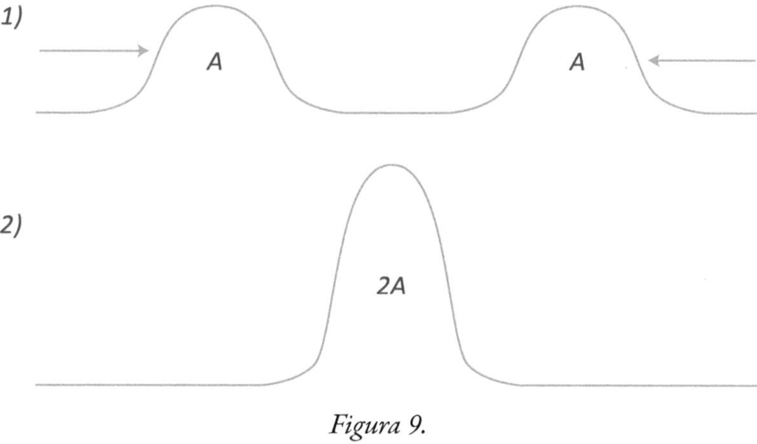

Figura 9.

En el caso de que una de las ondas viaje por la cuerda en la parte inferior, la onda resultante es de cero amplitudes o se anulan mutuamente. Cuando esto pasa se dice que se produjo una interferencia destructiva.

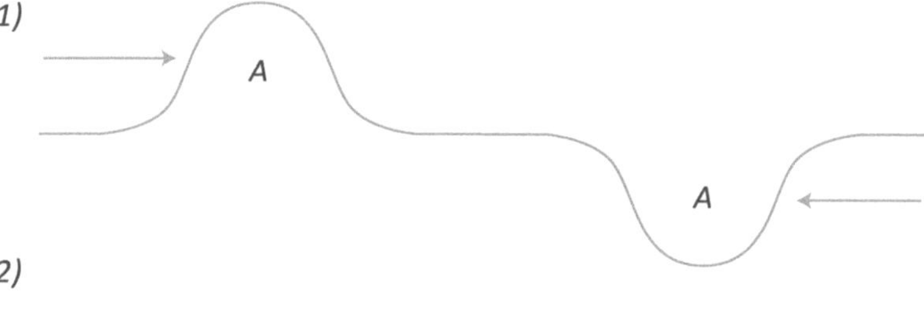

Figura 10.

En física existe el principio de superposición que solo se cumple cuando las ecuaciones que rigen el movimiento ondulatorio son lineales. Afortunadamente, en las ondas electromagnéticas sus relaciones matemáticas son lineales, así que para las ondas electromagnéticas es válido el principio de superposición. Esto es muy importante porque las ondas electromagnéticas por cumplir este principio pueden tener interferencias constructivas o destructivas. Una onda electromagnética está compuesta por un campo eléctrico E y un campo magnético B y si figuramos que la onda viaja en el plano cartesiano en la dirección del eje X, tenemos que el campo eléctrico E viaja en el plano XY y el campo magnético B en el plano XZ.

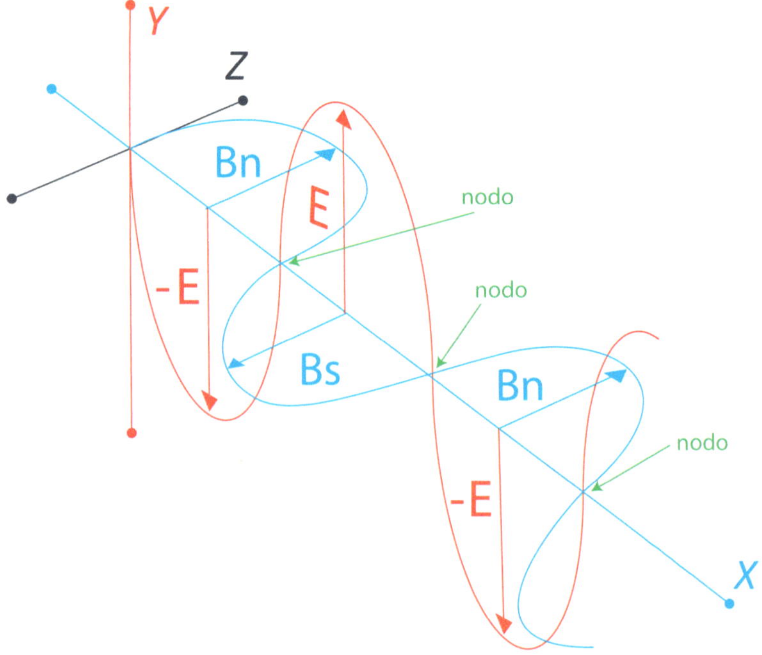

Figura 11.
Onda electromagnética modelo estandar

En la figura 11 la onda electromagnética se dibujó como la representan los físicos en la que se ve que la onda tiene nodos donde el campo eléctrico como el magnético se anulan y esta forma de visualizar la onda va en contra de la primera ley de la dialéctica porque los contrarios se necesitan para existir. No puede un contrario existir sin el otro y esto no sucede en los nodos donde los campos valen cero, lo que significa que se aniquilan y desaparecen por un momento o instante. En el modelo dialéctico hay que aplicar la primera ley de la dialéctica para figurar cómo los campos eléctricos y magnéticos deben actuar en una onda electromagnética y para ello tenemos que describir la onda electromagnética de la siguiente manera: cuando el campo eléctrico esté en su máxima amplitud el campo magnético debe ser nulo, en otras palabras, si el campo eléctrico crece el campo magnético disminuye y viceversa, como se ve en la figura 12.

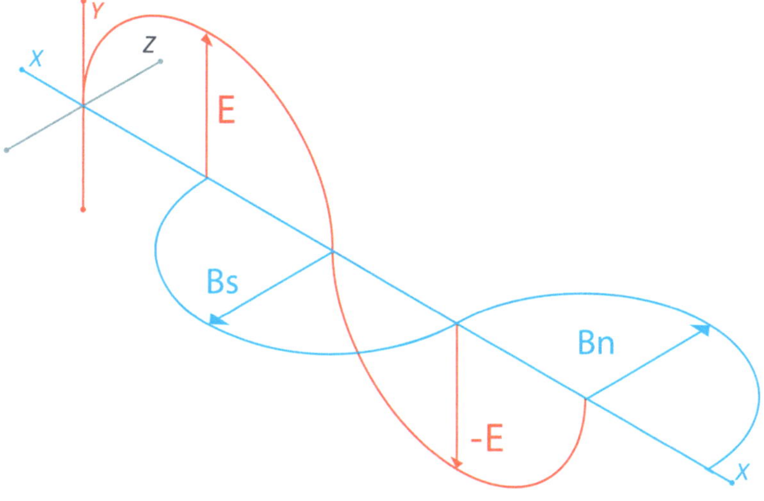

Figura 12.
Onda electromagnética modelo Dialéctico

El campo eléctrico fluctúa entre la carga positiva y la negativa y el campo magnético lo hace entre el polo norte y el polo sur, de tal forma, que si crece la magnitud del campo de la carga positiva disminuye la magnitud del campo del polo sur magnético y cuando el campo eléctrico obtiene su máxima amplitud, el campo magnético del polo sur tiene una magnitud cero y amplitud también cero y en ese instante empieza a crecer el campo magnético del polo norte. Y al disminuir el campo eléctrico de la carga positiva y cuando el campo magnético del polo norte está disminuyendo, es porque el campo eléctrico de la carga negativa está aumentando y así sucesivamente.

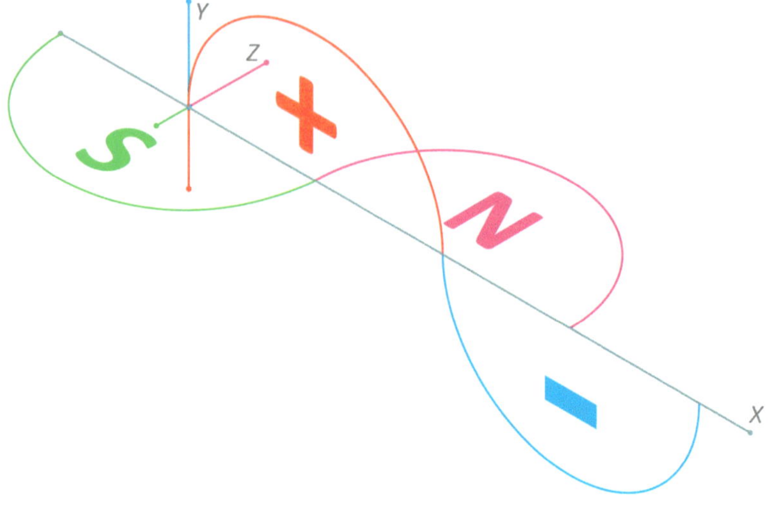

Figura 13.

Con toda esta información ya estamos en condiciones de entender el origen de las cargas eléctricas de acuerdo con el modelo dialéctico, pero primero debemos repasar en qué situación se halla el universo naciente. Ya hablamos de que el gusano blanco solo puede transferir energía térmica y energía ondulatoria en forma de ondas electromagnéticas. La energía térmica hace que el universo se caliente hasta una temperatura de 10^{38} grados Kelvin y las ondas electromagnéticas están saturando el universo y chocando entre sí y ejerciendo presión contra la pared de este. Podemos decir que lo anteriormente narrado es en lo que consiste la primera etapa del universo dialéctico y que la siguiente etapa es cuando se dan las condiciones en el universo naciente para aplicar la segunda ley de la dialéctica, la cual nos habla de la transición de la cantidad a la cualidad. Para que el lector comprenda y visualice esta ley de la dialéctica vamos a poner, por ejemplo, el proceso de la metamorfosis, aunque no del todo cierto, pero nos da una idea de lo que sucede en la transición de la cantidad a la cualidad. En la metamorfosis, no en todos los casos, una larva se convierte en pupa y ella se transforma en un ser adulto como sucede en el proceso para que nazca una mariposa. En la segunda ley de la dialéctica sucede algo parecido cuando un parámetro obliga, por las condiciones del proceso, a que surja algo nuevo, que modifica la estructura anterior y aparece algo nuevo con otras características y propiedades. Lo anterior pasa cuando en el universo naciente las ondas electromagnéticas están chocando y rebotando y ejerciendo presión en la pared de este. Mientras esto está pasando la temperatura del universo está aumentando, pero cuando las ondas electromagnéticas empiezan a mezclarse o a tener una interferencia constructiva, la temperatura deja de aumentar y la presión se mantiene estable porque la energía térmica se está usando en incrementar la amplitud de las ondas electromagnéticas. En este proceso de interferencia constructiva de las ondas electromagnéticas la magnitud de los campos eléctricos y magnéticos se están sumando e incrementando y cuando el campo eléctrico de la onda adquiere una magnitud de 1.6×10^{-19} *Coulomb* la onda se satura llegando a un punto crítico en el cual se rompe y cuando esto pasa de inmediato la temperatura y la presión del universo vuelve a incrementarse o a recalentarse el universo. El proceso anterior lo podemos explicar de otra manera distinta viendo qué pasa cuando las ondas electromagnéticas ya no pueden aumentar más su amplitud y ha acumulado una carga eléctrica de 1.6×10^{-19} *Coulomb*, en esta situación la onda electromagnética se está comportando como un cuanto de energía como lo propuso Einstein para la luz, que se rompe en dos partes por el recalentamiento del universo. La ruptura del cuanto o de la onda electromagnética acumulada sucede de la siguiente manera; cuando el campo eléctrico negativo de la onda llega al máximo de carga o sea una carga eléctrica de 1.6×10^{-19} *Coulomb* es porque el campo magnético del polo norte tiene una magnitud nula y de inmediato se desprende del cuanto quedando en la onda electromagnética el campo de la carga positiva que cuando llega también a su máximo es porque el campo magnético del polo sur se ha anulado también. Cuando las ondas electromagnéticas se saturan y no pueden adquirir más energía se produce el recalentamiento del universo y ese cambio de temperatura y presión estable a una temperatura y presión cambiante es cuando se da la transición de la cantidad de temperatura y presión a una nueva cualidad que es el nacimiento de dos partículas nuevas que llamaremos electrón y positrón. El electrón es una partícula con carga negativa que lleva intrínsecamente una parte de polo norte y polo sur magnético y lo mismo sucede con el positrón que porta una carga positiva y también lleva en su interior una parte de polo sur y otra de polo norte magnético y ambas partículas llevan una carga eléctrica de la misma magnitud de 1.6×10^{-19} *Coulomb*.

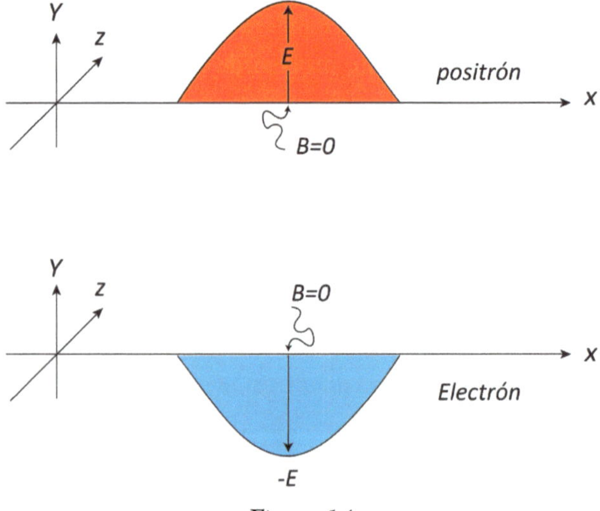

Figura 14.

Lo maravilloso de la segunda ley de la dialéctica es que nos permite entender cómo una cantidad modifica la esencia de una cosa y nos la transforma a otra cosa con diferentes cualidades. La variación de la temperatura del agua hace que el agua se presente ante nosotros como sólido, líquido o gaseoso. La variación de la presión de un gas encerrado puede hacer que el gas se transforme en líquido o sólido. La variación de temperatura y presión en un cuanto de energía se convierte en un electrón y en un positrón.

Podemos decir, entonces, que en el principio del universo dialéctico únicamente dos partículas están presentes e interaccionando con él. En el siguiente capítulo vamos a describir las características y cualidades que tienen esas dos partículas. Además, en el principio del universo dialéctico cuando se crearon el electrón y el positrón aún existe suficiente energía y condiciones para seguir produciendo una infinidad de electrones y positrones. El universo pudo haber tenido hasta cuatro o cinco recalentamientos y cesó de recalentarse hasta que el espacio era tan vasto que las ondas electromagnéticas empezaron a viajar en todas direcciones y ya no interfirieron entre ellas. Estos recalentamientos tuvieron que haber dejado huellas en el inicio del universo y probablemente estas huellas las estamos encontrando ahora en la radiación de fondo de microondas. La radiación de fondo de microondas no presenta un patrón homogéneo, sino que tiene puntos y regiones más calientes que otros, como que la temperatura estuvo fluctuando y esto solo pudo ser provocado por los recalentamientos que hubo en esos tiempos como se ve en la figura 15.

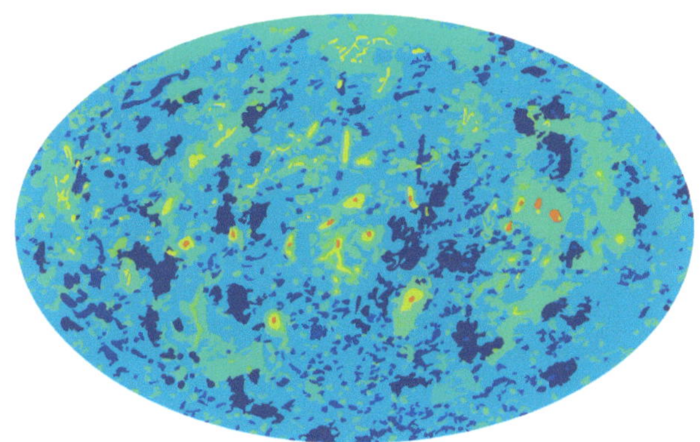

Figura 15.

Comparando el universo del Big Bang y el universo dialéctico vemos que los dos universos comienzan con dos partículas. En el Big Bang de manera espontánea aparecen los quarks y los gluones que formaron los primeros núcleos de hidrógeno. Unos quarks que tienen carga positiva y otros que tienen carga negativa. Lo relevante de los quarks es que los hombres de ciencia dividieron la carga fundamental del electrón en tercios asignando una carga eléctrica positiva de dos tercios a los quarks up y un tercio de carga eléctrica negativa a los quarks down contraviniendo el experimento de Millikan y Fletcher. En el experimento de Millikan y Fletcher se encontró que la carga eléctrica mínima en el universo tiene un valor 1.6×10^{-19} *Coulomb*. En ningún momento y en ninguna circunstancia de los experimentos se han hallado tercios de carga de la carga mínima descubierta por Millikan. Es más, en todos los experimentos posteriores al experimento de Millikan han confirmado que la mínima carga eléctrica del electrón es de 1.6×10^{-19} *Coulomb* y ni en el universo y ni en la Tierra se ha hallado una carga eléctrica menor a esta. De todo lo anterior, se ve claramente que el modelo estándar de la física de partículas viola las leyes de la naturaleza de manera burda con el único propósito de convalidar su modelo y con ello convierte a la física en una ciencia a su conveniencia y que no se ajusta a la realidad, que no respeta los hechos que suceden en ella y mucho menos el principio de conservación de la carga eléctrica. En cambio, el modelo dialéctico está acorde con lo que sucede en la naturaleza y valida lo que se encontró en el experimento de Millikan. Dicho de otra manera, el modelo dialéctico sí nos dice de dónde surgen las cargas eléctricas positivas y negativas y por qué esas cargas tienen el mismo valor encontrado en el experimento de Millikan.

LA MASA

Como dijimos en el capítulo anterior en la tercera etapa del inicio del Big Bang surgieron los quarks y los gluones y también el campo de Higgs, pero el campo de Higgs tiene un potencial nulo lo cual implica que los quarks no tienen masa porque no interactúa con él. Cuando el universo se ha enfriado y llegado a una temperatura de 10^{12} grados Kelvin aparece la fuerza fuerte y el campo de Higgs adquiere un potencial diferente de cero y es cuando nacen las primeras partículas fundamentales. Los quarks se juntan y los gluones los mantienen unidos para formar protones y neutrones. De todas las partículas que se forman en el universo en cierto momento se desintegran a excepción de los protones, neutrones y los electrones que se mantienen presentes. Según el modelo estándar de la física de partículas los protones y neutrones están formados por tres quarks como vimos cuando hablamos acerca de su carga eléctrica. El modelo estándar afirma que los quarks son los constituyentes de todo lo que existe en el universo. Pero ¿por qué la comunidad científica llegó a esta conclusión? En el experimento donde hacían chocar electrones contra protones notaron que algo había dentro del protón. Como no sabían qué era lo que contenía el protón, revisaron el catálogo de las trescientas partículas clasificadas por su masa, carga, espín, etc. y decidieron que los quarks eran los responsables de lo que pasaba con los protones colisionados por los electrones y los más idóneos para constituirlos. No les importó que los quarks sean partículas inestables, que no puedan existir libremente en el universo, que para existir necesiten estar acompañadas de gluones. Los gluones son los responsables de la estabilidad del protón y el neutrón porque ellos tienen la capacidad de mantener unidos a los quarks venciendo a las fuerzas eléctricas de repulsión y de atracción que interactúan entre ellos. En el capítulo anterior vimos que esas fuerzas de repulsión oscilan entre 500 Newton y 2360 Newton y que resultaba imposible imaginar cómo los gluones son capaces de equilibrar a los quarks con esa magnitud de fuerzas de repulsión o de atracción. Sea como sea, el gluon propuesto por el modelo estándar no puede tener una estructura física o natural que le permita soportar dichas fuerzas sin romperse o alterarse. Cuando hablemos de la fuerza nuclear fuerte vamos a retomar el tema del gluon y su partícula asociada, el quark.

En el modelo estándar, de las dos partículas propuestas para la formación de los protones y los neutrones solo los quarks tienen masa. El gluon se considera que no la tiene. Así que usted y yo tenemos peso porque estamos compuestos de millones y millones de quarks. Pero ¿qué son los quarks? En el capítulo anterior hablamos de que para el modelo estándar los quarks no tienen radio, son partículas puntuales sin dimensión alguna y además son partículas inestables, aparecen en un momento y luego desaparecen. Los quarks adquieren estabilidad y están presentes en la naturaleza solo cuando están acompañados por gluones. El modelo estándar habla de que hay dos tipos de quarks en la naturaleza, los quarks up y los quarks down, ambos portando carga eléctrica. Los quarks up con carga positiva y los quarks down con carga negativa. Además, se dice que ambos quarks tienen masa. El modelo estándar de la física de partículas presenta al quark up (arriba) con una masa aproximada de 0.002 GeV y los quarks down (abajo) con una masa de 0.005 GeV. Lo anterior nos da un panorama de lo que son los quarks y nos permite analizar cómo el modelo estándar forzosamente quiere que aceptemos que el quark es una partícula fundamental en la naturaleza cuando vemos que el quark no está a la altura de las circunstancias y para muestra basta un botón y analicemos el problema de la masa que arrastra el protón cuando el modelo estándar afirma que está constituido por quarks. Para el modelo estándar el protón está constituido por dos quarks up y un quark down y con una masa de 1 GeV. Ahora sumemos la masa de los componentes del protón de la siguiente manera: masa del quark up + masa del quark up + masa del quark down = 0.002 GeV + 0.002 GeV + 0.005 GeV =

0.009 GeV ≈ 0.01 GeV. Esto es increíble, las masas de los componentes del protón equivalen al uno por ciento de la masa total del protón. He escuchado varias conferencias de universidades distinguidas que hablan sobre el tema de la masa del protón y cuando el conferencista habla sobre la falta de la masa del protón argumenta que al protón no le falta masa porque en el interior del protón surgen partículas virtuales que proporcionan al protón el 99 % de la masa faltante. Más adelante vamos a hablar más extenso sobre las partículas virtuales, pero por ahora diremos que el modelo estándar asegura que las partículas virtuales no se pueden detectar porque según la física cuántica tienen un periodo de vida muy pequeño, más pequeño que la era de Planck. Como pueden apreciar, el modelo estándar otra vez viola el principio de la nada, no es posible querer sacar masa de la nada o de la energía del vacío usando a las partículas virtuales.

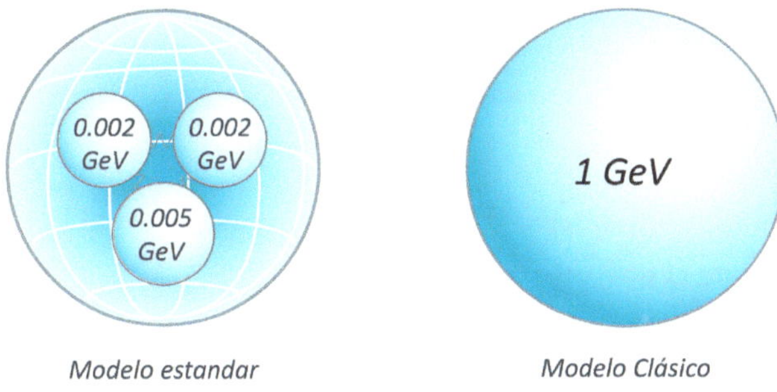

Figura 16.

Si aceptamos que los protones están compuestos de quarks, aceptamos que mi masa corporal, la de ustedes y la de la Tierra no es real, sino una masa irreal producto de partículas instantáneas, producto de la nada o de la energía del vacío. La verdad es que para el modelo estándar de la física de partículas la masa representa un problema. Sus ecuaciones matemáticas no tienen sentido cuando las partículas tienen masa. Por ello les quitan la masa y afirman que no la tienen. Por eso dicen que la masa del quark up de 0.002 GeV no es de él, que el quark up no tiene masa, que ese valor de 0.002 GeV se lo da el campo de Higgs y sin el campo de Higgs nadie en todo el universo posee masa. ¿Usted lo cree? Yo tampoco. ¿De dónde obtiene tanta energía el campo de Higgs para estar creando toda la masa del universo? Aun interaccionando con el campo de Higgs los quarks no tienen la suficiente masa que deben tener para que formen un protón real y tienen que recurrir a partículas virtuales que en ningún momento nos han demostrado que tienen masa. Así es, dan por hecho que las partículas virtuales poseen masa, pero nunca nos han demostrado experimentalmente que la tienen, por la simple razón de que esas partículas son indetectables.

El modelo estándar está colapsando y no lo admiten. La comunidad científica va en un barco a la deriva sin timón y sin brújula, le están apostando a los quarks y los quarks mismos les dicen que por allí no es el camino. En los últimos experimentos están encontrando protones con cuatro y hasta con cinco quarks. Al rato nos van a decir que tenemos quarks con cuartos de carga eléctrica o quintos de carga eléctrica.

En el capítulo anterior describimos cómo aparecen el electrón y el positrón en el universo dialéctico y ahora nos toca hacer una reseña sobre el electrón, de cómo se descubrió, qué comportamientos presenta y qué papel juega en el universo.

Como dijimos antes en 1897 J. J. Thomson descubrió el electrón, pero ya varios científicos anteriores a Thomson experimentaban con los llamados tubos de Crookes, recipientes de vidrio vaciados de aire que cuando los sometían a una diferencia de potencial de varios miles de voltios se producía dentro de él un resplandor. El tubo o recipiente consiste en dos placas metálicas, una donde se conecta la parte negativa de una pila eléctrica o cátodo y otra para conectar el lado positivo de la misma o ánodo. Dicha pila eléctrica tiene la capacidad de suministrar voltajes de miles de voltios al tubo de Crookes.

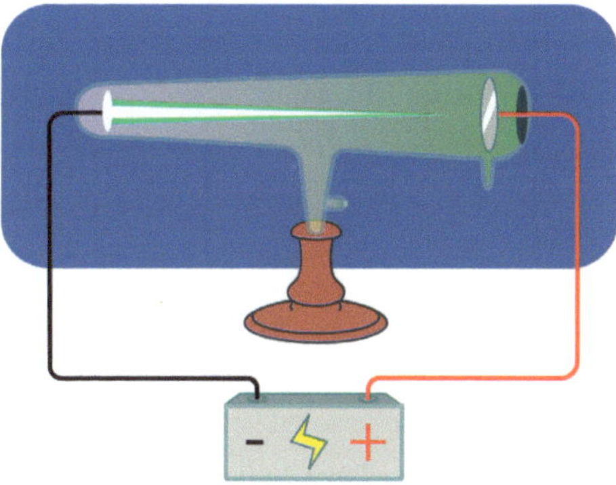

Figura 17.

Si el tubo de Crookes se llena con algún gas, al aplicarle el voltaje se crea una fluorescencia cuyo color depende del gas que se ha inyectado en el tubo. Al inyectarle neón al tubo se produce una luz rosada que sale del cátodo y se dirige al ánodo. Si le inyectamos sodio al tubo se produce una luz amarilla y una luz azulada para el vapor de mercurio. Si a estas luces las hacemos incidir por separado en un prisma de refracción y recogemos cada rayo de luz en una placa fotográfica vemos que cada luz está compuesta por una serie de líneas a longitud de ondas bien definidas. A este registro gráfico se le llama espectro. Cada espectro está indisolublemente asociado a un elemento químico. Esto es muy importante porque los espectros nos permiten saber de qué están hechas las estrellas. Al revisar los espectros que nos llegan de las estrellas y los comparamos con los que tenemos registrados en los archivos podemos saber si la estrella contiene hierro, carbón o cualquier otro elemento químico. Además, si el espectro presenta un corrimiento al rojo o al azul nos da la oportunidad de saber si las estrellas se alejan o se acercan a nosotros. Por otro lado, el grado del corrimiento del espectro que recibimos de la estrella que se está estudiando nos dice a qué distancia se encuentra de nosotros. Con los experimentos realizados con los tubos de vacío fue que J. J. Thomson dedujo que los corpúsculos emitidos por el cátodo en los tubos de descarga eran partículas subatómicas que poseían masa y una carga eléctrica negativa. Thomson sabía de los experimentos de William Crookes que los rayos catódicos ahora electrones acelerados eran desviados por campos magnéticos. Lo que hizo Thomson fue aplicar un campo eléctrico a los electrones acelerados observando que tenía un efecto compensatorio, contrario a la desviación que se producía cuando se aplicaba un campo magnético y logrando evitar desviaciones de los rayos catódicos haciendo que los electrones se movieran en línea recta cuando aplicaba los dos tipos de campos. Desde entonces, el electrón ha sido estudiado de manera exhaustiva y hoy en día se sabe que el electrón es algo especial, que tiene una serie de características que lo hacen único en la naturaleza. Si el electrón se encuentra en reposo presenta un campo eléctrico negativo, si se encuentra en movimiento a velocidad constante, manifiesta un campo magnético en torno suyo y si se acelera y desacelera irradia energía en forma de ondas electromagnéticas.

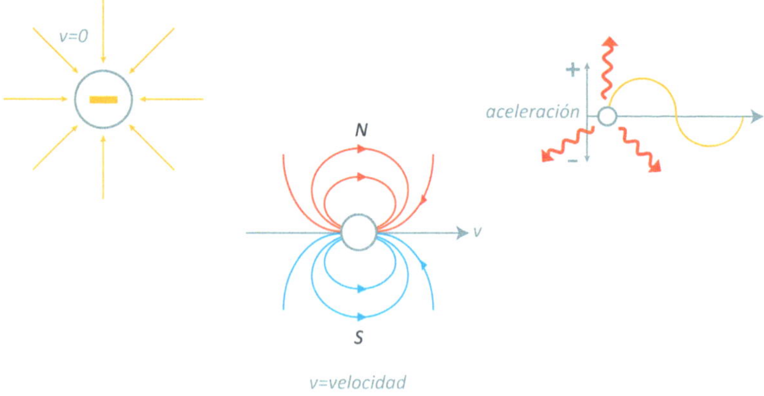

Figura 18.

Thomson demostró que el electrón tiene masa, por lo que puede realizar trabajo o puede adquirir energía cinética o potencial. La energía cinética de los electrones en los tubos de descarga se puede calcular por la ecuación $W = \frac{1}{2}mv^2$ donde m es la masa del electrón y v la velocidad de este. Pero en el capítulo anterior hablamos de cómo nació el electrón y explicamos que surgió del rompimiento de un cuanto de energía al recalentarse el universo. Por lo que la masa del electrón debe ser una masa especial, una masa única por venir de una onda electromagnética, una masa diferente a la que conocemos en el universo, por lo que es necesario diferenciarla de la masa que tienen las demás partículas. A la masa del electrón la llamaremos masa de radiación por venir de una onda electromagnética y a la masa de las otras partículas que forman la materia del universo la llamaremos masa inercial. El electrón por el hecho de tener masa de radiación debe cumplir las leyes de Newton, así que tenemos que aplicarle una fuerza para modificar el estado en que se encuentra, ya sea de reposo o de movimiento rectilíneo uniforme. Lo anterior significa que el electrón tiene la propiedad de la inercia. ¿Qué pasa cuando nace el electrón en el universo dialéctico? Cuando aparece el electrón en el universo, no solo aparece uno, sino aparecen una infinidad de ellos, todos con carga eléctrica negativa de 1.6×10^{-19} *Coulomb* y con su masa de radiación, por lo que se produce de inmediato una fuerza eléctrica de repulsión y una fuerza gravitacional entre ellos casi infinita porque al nacer se encuentran en contacto todos ellos que los dispara a una velocidad muy cercana a la de la velocidad de la luz. Además, como el universo está en expansión a casi la velocidad de la luz, obliga y contribuye a que los electrones adquirieran velocidades cercanas a la de la luz. Según la teoría especial de la relatividad de Albert Einstein, cuando un cuerpo se aproxima a la velocidad de la luz empieza a adquirir masa de acuerdo con la siguiente ecuación $m=m_0\dfrac{1}{\sqrt{1-\frac{v^2}{c^2}}}$ donde m es la masa que adquirió el electrón, m_0 la masa del electrón en reposo, v la velocidad del electrón y c la velocidad de la luz. El lector debe tener en cuenta que cuando la velocidad del electrón se acerca a la velocidad de la luz el cociente $\dfrac{v^2}{c^2}$ tiende a la unidad y al hacer la resta 1-1 entonces $1-1\cong0$ y cuando el divisor tiende a cero la división tiende a infinito. La masa que adquiere el electrón al acercarse a la velocidad de la luz es la que llamamos masa inercial. Hoy sabemos que la masa del protón es de 1.6726×10^{-27} Kg y la del electrón es de 9.109×10^{-31} Kg, si dividimos la masa del protón entre la masa del electrón da como resultado 1836, lo que significa que necesitamos 1836 electrones para igualar la masa del protón. Otros físicos opinan que se necesitan 2000 electrones para lograr tener la masa del protón y por comodidad para los cálculos vamos a usar dicha cantidad. Esta masa inercial que obtuvo el electrón necesariamente ocupa un lugar en el espacio y es menester calcularlo para tener una idea del tamaño y estructura interna de este. Todos los científicos del mundo conciben al protón como un cuerpo esférico y nosotros así lo vamos a considerar también. El volumen de una esfera está dado por la fórmula $V = \frac{4}{3}\pi r^3$ donde V es el volumen de la esfera y r el radio de esta. Si figuramos dos esferas concéntricas una de radio r_1 y otra de r_2 como se ve en la figura 19.

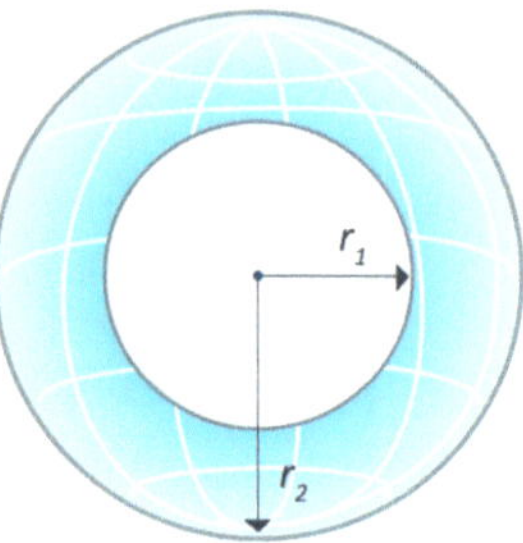

Figura 19.

Si restamos el volumen de la esfera menor al volumen de la esfera mayor nos queda un cascarón esférico equivalente a los dos mil volúmenes de cada electrón. Esto es

$$V_2 - V_1 = 2000 V_e$$

Donde V_2 es el volumen de la esfera de radio r_2, V_1 es el volumen de la esfera de radio r_1 y V_e es el volumen de un electrón. Si sustituimos el volumen en función del radio la ecuación anterior nos queda así:

$$\frac{4}{3}\pi r_2^3 - \frac{4}{3}\pi r_1^3 = 2000\,\frac{4}{3}\pi r_e^3$$

Donde r_2 es el radio de la esfera externa y es también el radio del protón, r_1 es el radio de la esfera interna y r_e es el radio del electrón.

Si dividimos la ecuación anterior por $4/3\,\pi$ la ecuación queda así:

$$r_2^3 - r_1^3 = 2000 r_e^3$$

Donde r_2 es el radio del protón, r_e es el radio del electrón y r_1 es el radio de la esfera hueca a calcular. Despejando r_1 la ecuación queda así:

$$r_1{}^3 = r_2{}^3 - 2000r_e{}^3$$

Donde:

$r_2 = 8.33 \times 10^{-16}\,m$, radio del protón

$r_e = 0.5 \times 10^{-16}\,m$, radio del electrón

Sustituyendo valores en la ecuación anterior nos queda que:

$$r_1{}^3 = (8.33 \times 10^{-16}\,m)^3 - 2000(0.5 \times 10^{-16})^3 = 578 \times 10^{-48}\,m^3$$
$$-2000(0.125 \times 10^{-16})^3 = 578 \times 10^{-48}m^3 - 250 \times 10^{-48}\,m^3 = 328 \times 10^{-48}m^3$$

Donde:

$$r_1 = \sqrt[3]{328 \times 10^{-48}m^3} = 6.9 \times 10^{-16}\,m \approx 7 \times 10^{-16}\,m$$

Como el diámetro del electrón es $1 \times 10^{-16}\,m$ el resultado anterior nos indica que el electrón cabe siete veces en el radio o catorce veces en el diámetro de la esfera hueca, ya que se da por hecho, que la masa inercial se ha acumulado cerca de la superficie del protón formando un cascarón esférico con un espesor de $r_2 - r_1 = 8.33 \times 10^{-16}\,m - 6.9 \times 10^{-16}\,m = 1.43 \times 10^{-16}\,m \cong 1.5 \times 10^{-16}\,m$. La esfera hueca dentro del protón brinda suficiente espacio al electrón para su movilidad. El hecho de que el electrón adquiriera tanta masa inercial al ser llevado a una velocidad cercana a la de luz evitó que el universo explotara, ya que, si no hubiera ocurrido este proceso el universo hubiese colapsado en una gran explosión. Por supuesto que este fenómeno de adquisición de masa inercial del electrón sucedió varias veces más, hasta que el universo ya no tuvo la suficiente energía para crearla. Pero sí la suficiente energía para seguir creando electrones y positrones.

La primera ley de la dialéctica nos habla de la unidad y lucha de contrarios y aquí la masa radiante y la masa inercial juegan ese papel, aunque parcialmente. Las dos masas se necesitan para existir, si no hubiera masa radiante, no se hubiera creado la masa inercial y además sin ellas no existiría la materia en el universo. La ley de la gravitación universal nos dice que una masa inercial atrae a otra masa inercial, esto pasa con el Sol y los planetas y también sucede con la Tierra y la Luna y lo mismo debe suceder entre las masas radiantes. Un electrón atrae a otro electrón porque sus masas son radiantes. Entonces, ¿qué pasa entre la masa radiante y la masa inercial? Si las masas de la misma naturaleza se atraen, lo lógico es pensar, que la masa radiante y la masa inercial por ser de diferente naturaleza se repelen y este hecho nos lleva a concluir que masas de igual signo o naturaleza se atraen y de signo contrario o de diferente naturaleza se repelen. Los electrones son las únicas partículas del universo con masa radiante, lo cual quiere decir que todas las partículas con masa inercial en el universo repelen a los electrones. Esta propiedad que tienen los electrones es muy importante para crear en el futuro motores donde se aproveche la repulsión gravitacional de estos y poder viajar por el cosmos. Si tenemos la capacidad y la tecnología para reunir bastantes electrones en un sistema cerrado se puede producir una fuerza de repulsión que venza a la fuerza de gravedad terrestre, el sistema levitaría cuando menos. Claro que se necesitan muchísimos electrones para producir el efecto de repulsión gravitatoria, pero para mí que con el tiempo sí se puede lograr. Ahora la pregunta es ¿qué partícula se formó en el universo dialéctico cuando el electrón adquirió masa inercial? Pues como vimos en un párrafo anterior, al romperse el cuanto de energía y formarse el electrón, este se aceleró y adquirió masa inercial que se acumuló en un cascarón esférico en donde el electrón quedó atrapado en una esfera hueca de aproximadamente $7\times10^{-16}\ m$ de radio. Analizando la partícula recién creada se ve que no tiene carga positiva por ningún lado, solo un electrón con carga negativa centrado en la esfera hueca a consecuencia de la fuerza de repulsión que se da entre la masa inercial del cascarón y la masa radiante del electrón. Por otra parte, para calcular el espesor del cascarón tomamos como dato el radio de un protón, pero esta nueva partícula que se formó no es un protón, esta nueva partícula debe de ser un neutrón.

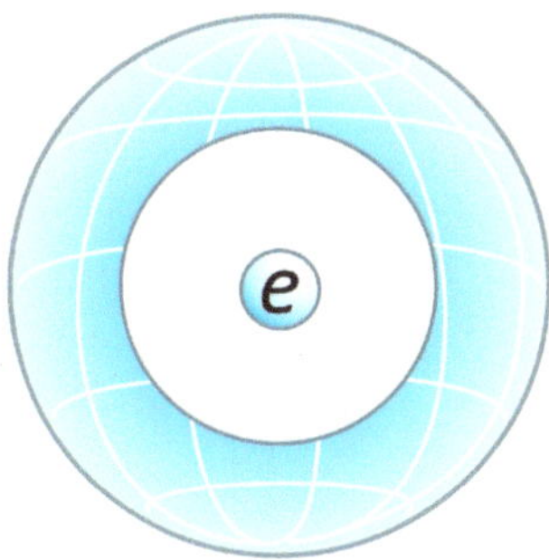

Figura 20.
Neutrón dialéctico

Aunque el neutrón tenga un electrón en su centro, el campo eléctrico producido por este en la superficie del neutrón es casi nulo, por lo que se puede ignorar y afirmar que el neutrón es una partícula eléctricamente neutra.

De la información obtenida hasta el momento vemos que el universo dialéctico está constituido por solo tres partículas: electrones, positrones y neutrones. Estas tres partículas son fundamentales, además muy estables y las responsables de la creación de toda la materia que hay en el universo. El neutrón es una partícula abundante, estable y muy pegajosa. Lo pegajoso del neutrón se debe al electrón encerrado en su interior porque cuando un neutrón está en contacto con un protón, el electrón del neutrón se mueve de su centro y se recorre a la pared del cascarón de masa inercial debido a la fuerza eléctrica de atracción que se da entre el electrón del neutrón y el protón. La naturaleza está plétora de ellos, así nos lo demuestra con el hidrógeno que puede atrapar hasta dos neutrones y no se diga del radio que tiene 88 protones y puede retener en su interior hasta 138 neutrones. Sin temor a equivocarnos se puede afirmar que todos los elementos químicos siempre van acompañados con más de un neutrón y no se diga de las estrellas de neutrones que contienen una inmensa cantidad de ellos. Sin embargo, el modelo estándar de la física de partículas considera que el neutrón es una partícula inestable y solo adquiere cierta estabilidad al juntarse con protones. Como no pueden explicar la razón por la cual ciertos elementos químicos arrojan electrones o partículas beta, pues inventan la existencia de la fuerza débil como la responsable de ese fenómeno afirmando que el neutrón se transforma en protón. Esto lo vamos a ver más adelante cuando hablemos de la fuerza débil.

LA FUERZA NUCLEAR FUERTE

Según el modelo estándar de la cosmología la cuarta etapa del Big Bang comienza cuando la temperatura ha descendido a 10^9 grados Kelvin y ha transcurrido un tiempo de 180 segundos desde que inició el universo. En esta etapa aparecen los primeros núcleos de hidrógeno, helio y algunos de litio por lo que a esta etapa también se la conoce como la era de los núcleos. Anteriormente dijimos que la fuerza nuclear fuerte, los quarks y los gluones aparecen en la tercera etapa del Big Bang y estos tres ingredientes forman los primeros protones del universo.

El modelo estándar de la cosmología, la teoría del Big Bang y el modelo estándar de la física de partículas manejan dos versiones para explicar la formación de los núcleos atómicos. La primera versión afirma la existencia de la fuerza nuclear fuerte como una fuerza de atracción tan intensa que es capaz de vencer la fuerza eléctrica de repulsión entre los protones y mantenerlos juntos como un conjunto o racimo de uvas. La fuerza nuclear fuerte tiene la característica de ser extremadamente intensa entre los protones que están integrados en el racimo y muy débil si un protón se separa o se aleja del racimo o conjunto de protones. La primera versión fue anunciada cuando aún no se sabía o se anunciara que los quarks conformaban a los protones. ¿Qué tan intensa es la fuerza nuclear fuerte? Si aplicamos la ley de Coulomb para dos protones que están en contacto, como se muestra en la figura 21.

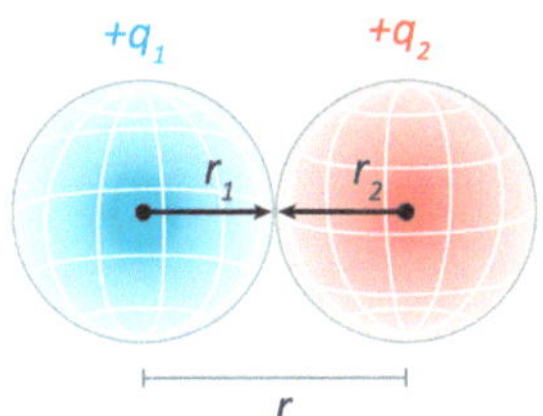

Figura 21.

$$F_e = k\,\frac{q_1 q_2}{r^2}$$

Donde F_e es la fuerza eléctrica de repulsión entre los dos protones, k la constante de proporcionalidad, q_1 y q_2 es la carga del protón y r la distancia que los separa.

$$K = 9 \times 10^9\, N\,\frac{m^2}{Coul^2}$$

$$q_1 \text{ y } q_2 = 1.6 \times 10^{-19}\ Coulomb$$

$$r = 2\, r_p = 2 \times 8.33 \times 10^{-16}\, m$$

Sustituyendo en la ley de Coulomb

$$F_e = \frac{9 \times 1.6 \times 1.6 \times 10^9 \times 10^{-19} \times 10^{-19} N \frac{m^2}{coul^2} coul^2}{(2 \times 8.33 \times 10^{-16} m)^2} = \frac{23.04 \times 10^{-29} Nm^2}{(16.66 \times 10^{-16} m)^2} = \frac{23.04 \times 10^{-29} m^2}{277.5 \times 10^{-32} m^2}$$
$$= 0.083 \times 10^3\, N = 83\, N$$

Habíamos calculado una fuerza de repulsión para los quarks en el rango 500 N y 2360 N, dentro del protón donde están los quarks interaccionando y esta nueva fuerza de 83 N es el resultado de la acción de los quarks de un protón contra los quarks del otro protón según el modelo estándar.

No se sabe cómo está distribuida la carga eléctrica en el protón. En el cálculo anterior se dio por hecho que las cargas son puntuales, como si las cargas estuvieran concentradas en el centro del protón, pero si las cargas presentan una distribución en el volumen o sobre la superficie de los protones, en este caso la situación es diferente, pues la fuerza de repulsión entre los protones se incrementa y es mucho mayor a los 83 Newton calculados en el ejemplo anterior. Se puede decir que la fuerza de repulsión es de miles de Newton o casi infinita porque las cargas eléctricas prácticamente estarían en contacto con una separación de casi cero metros. De todas maneras, una fuerza de repulsión de 83 Newton como mínima fuerza para dos partículas tan pequeñas como lo son los protones es una fuerza colosal que solo por la acción de la fuerza de la gravedad dentro de las estrellas se puede encontrar.

Las estrellas empiezan a brillar hasta que son capaces de elaborar núcleos de helio mediante la fusión de núcleos de hidrógeno. Los físicos aseguran que solo las estrellas con una temperatura que ronden los 10 000 millones de grados Kelvin o más son capaces de unir o fusionar protones. Una estrella con una temperatura inferior a la antes mencionada es incapaz de lograr la fusión. Bueno, eso dicen los físicos, pero la naturaleza es la que manda e impone y dice otra cosa. Nuestro Sol que tiene una temperatura de 10 millones de grados Kelvin en su centro tiene la capacidad de fusionar núcleos de hidrógeno para formar núcleos de helio. Esto, para los físicos del siglo XX era una debacle para la física, algo que no coincidía con la hipótesis de la fuerza nuclear fuerte en el modelo atómico propuesto para mantener a los protones juntos y que también iba contra el modelo teórico de la física cuántica como ciencia. No se podía explicar cómo un protón podía pasar la barrera de energía potencial que representaba la fuerza de repulsión que se daba entre los dos protones para unirse. Los protones podían brincar un pico de potencial elevado en una estrella con una temperatura 1000 veces menor a la temperatura requerida para lograr la fusión de los protones. Ante este problema, los físicos del siglo pasado en vez de admitir que el modelo estándar de la física de partículas no coincide con la realidad se dedicaron a sacarlo a flote y salvarlo, así, en 1928 George Gamou propuso la existencia del efecto túnel, fenómeno cuántico por el que una partícula viola los principios de la mecánica clásica penetrando una barrera de potencial mayor que la energía cinética de la propia partícula. Hablando en términos prácticos, el efecto túnel significa que podemos atravesar una montaña sin subirla ni bajarla. Es como si al llegar al pie de la montaña y ante nosotros se apareciera un hueco y al ir avanzando el hueco se fuera profundizando cada vez más hasta lograr llegar al otro lado de la montaña. Esto no puede estar sucediendo en nuestro Sol y ni en ninguna otra estrella. Se tiene que respetar el principio de la conservación de la energía, no se puede concebir que un protón pueda acercarse a otro protón sin realizar trabajo, que nuestro Sol brille sin gastar energía. La fuerza nuclear fuerte es la fuerza de atracción que mantiene unidos los núcleos atómicos.

La segunda versión para explicar la fuerza nuclear fuerte se basa en las interacciones de los quarks, gluones y las partículas virtuales para crear mesones que según el modelo estándar ocurren entre estas partículas fundamentales. Para explicar cómo ocurre una interacción ponen por lo general el ejemplo de dos personas paradas cada una en una lancha en un lago o mar tranquilo. Uno de los lancheros lanza una pelota al otro lanchero y por el hecho de lanzar la pelota la lancha retrocede y lo mismo pasa con la lancha del otro lanchero al recibir la pelota.

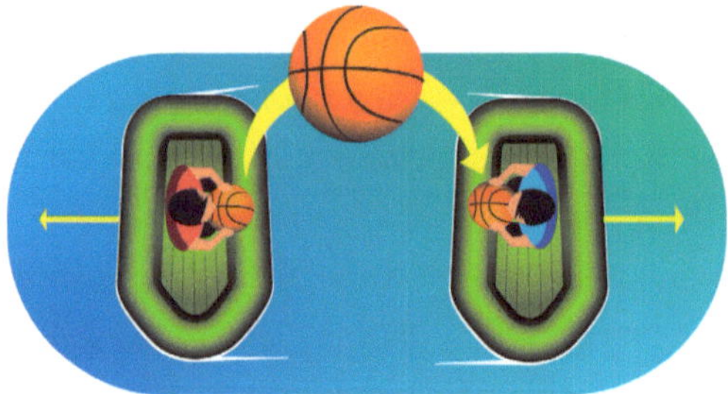

Figura 22.

Cada vez que se van lanzando la pelota las lanchas se van separando cada vez más y adquiriendo una mayor velocidad, pero lo que no dicen es que cada vez que lanzan la pelota los lancheros es porque están perdiendo energía tanto como el que la lanza como el que la recibe y cuanto más lejanas se ponen las lanchas más energía se requiere para lanzarla y hacerla llegar a la otra lancha. Ustedes pueden percibir que en este proceso se está conservando la energía. La energía que gasta el lanchero en su cuerpo la transforma en movimiento de las lanchas. Los lancheros tienen que comer y descansar para reponer la energía gastada. En cambio, los físicos cuando hablan de interacciones las consideran como espontáneas y sin consecuencias, cuando en realidad no sucede de esa manera. Los físicos consideran que no es válido el principio de la conservación de la energía cuando se habla de interacciones y se escudan en las partículas virtuales para violarlo. Las partículas virtuales según la física cuántica son partículas que surgen y desaparecen en un tiempo tan pequeño que no nos da tiempo de detectarlas. En otras palabras, son partículas imaginarias pero que los físicos las tratan como reales y que pueden interactuar con los elementos químicos de la naturaleza. Los físicos afirman que dos electrones o dos protones no se repelen por acción de las cargas eléctricas, sino por la interacción continua de fotones virtuales en donde ellos tienen un movimiento de vaivén y a la vez de choque entre los electrones o entre los protones que hace que se separen o se repelen, pero en ningún momento nos dicen de dónde los fotones tomaron esa energía para mantener ese movimiento continuo de vaivén y de choque. Sin comprobación experimental los físicos nos dicen que las partículas virtuales obtienen la energía del vacío y también sin prueba alguna afirman que el vacío es una fuente inagotable de energía. Vimos en el capítulo anterior que usan el mismo argumento o razonamiento para añadir masa al protón diciendo que las partículas virtuales producen el 99 por ciento de la masa que falta para completar la masa total del protón por el simple hecho de estar apareciendo y desapareciendo estas. Según el modelo estándar de la física de partículas los mesones son los responsables de que exista la fuerza nuclear fuerte. Para ello crean todo un proceso donde participan quarks y gluones para formar el mesón. Suponen que un quark que forma al protón se sale del cuerpo físico del protón y para evitar que abandone al protón, el gluon le da un tirón al quark para que retome su lugar dentro del protón y en ese jalón que realiza el gluon para retornar al quark a su posición dentro del protón se libera energía y con esa energía liberada se produce un nuevo quark, un nuevo gluon y un antiquark. Se sabe que al juntarse materia y antimateria desaparecen y se convierten en energía, pero esto no ocurre por la intervención del nuevo gluon que se creó que evita el contacto entre el quark y el antiquark y esta acción permite que se crea un mesón. El mesón es una partícula formada por un quark y un antiquark con un gluon separándolos. El modelo estándar no explica cómo el mesón se mantiene entre los protones ni cómo interviene en la creación de la fuerza nuclear fuerte, pero sí nos dan una recreación de cómo sucede el proceso, donde el mesón debe ejercer una fuerza de 83 Newton con un movimiento circular o elíptico alrededor de los protones.

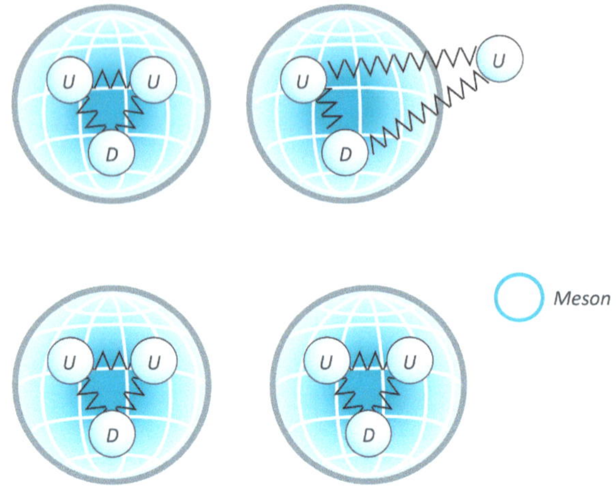

Figura 23.

Como conclusión sobre el tema, diremos que las dos versiones que hablan de la fuerza nuclear fuerte no aceptan ni concuerdan con el principio de la conservación de la energía y muchos dirán que ese concepto es de la física clásica, una física obsoleta, que debemos abrir la mente y dar por hecho de que el efecto túnel sí sucede en el Sol, que sí hay partículas virtuales que por manifestarse en un tiempo diminuto producen masa y que pueden ejercer una fuerza de atracción para mantener unidos a los protones y vencer la fuerza de repulsión entre ellos. Lo anterior contradice a lo que decía Einstein "Dios no juega a los dados "y "Todo es energía y solo eso hay". Yo le agregaría "Todo es energía real y no virtual y solo eso hay".

En el universo dialéctico las cosas no se presentan tan complicadas como sucede en la teoría del Big Bang y en el modelo estándar de la física de partículas. Por lo que hemos tratado hasta ahora, podemos decir que el electrón, positrón y el neutrón son el resultado de las condiciones naturales que se dieron en el universo dialéctico cuando las ondas electromagnéticas interfirieron constructivamente entre sí formando súper fotones o cuantos de energía que por un cambio brusco de temperatura se rompieron y al romperse, una de las partes que tenía masa se aceleró hasta adquirir una velocidad próxima a la velocidad de la luz que le permitió aumentar la cantidad de su masa. De las tres partículas creadas, dos tienen masa con la particularidad que ambas se repelen. A la masa radiante del electrón le vamos a asignar un signo positivo y a la masa inercial del neutrón el signo negativo. El positrón por no tener masa viaja por el universo a la velocidad de la luz. El electrón y el positrón por su origen electromagnético llevan consigo mismas partes de polo norte y polo sur, condición por la cual deben presentar manifestaciones magnéticas bajo ciertas condiciones. Recuerden que el súper fotón o cuanto de energía se fraccionó cuando el campo magnético era nulo o de magnitud cero. El neutrón por su parte tiene una estructura esférica formada por un cascarón esférico compuesto de masa inercial y una esfera hueca donde aloja al electrón y le da oportunidad de moverse libremente dentro de ella. Si no se hubieran creado los neutrones con seguridad podríamos afirmar que por cada electrón en el universo existiría un positrón que estaría viajando en este, pero como esto no sucedió, los neutrones se crearon y llevan dentro un electrón, pues abundan más positrones que electrones en el universo. La siguiente pregunta es esencial para entender cómo funciona el universo dialéctico. ¿Cómo se forma un protón? Un protón surge cuando un neutrón atrapa un positrón. Este fenómeno es debido a la fuerza eléctrica de atracción que se da entre el positrón y el electrón encerrado en la esfera hueca del neutrón. Como el positrón no tiene masa, pues, viaja a la velocidad de la luz alrededor del cascarón esférico, sujetado por la acción de la fuerza eléctrica de atracción entre este y el electrón. En su movimiento circular el positrón arrastra al electrón dentro de la esfera hueca obligándolo a realizar también un movimiento circular análogo al del positrón. Como la masa inercial del ahora protón y la masa radiante del electrón se repelen, esto hace que el electrón flote dentro de él, de tal manera que no toca la pared del cascarón esférico en ningún momento.

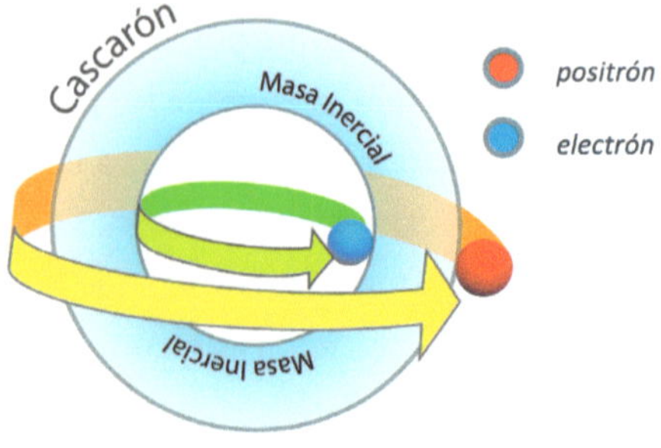

Figura 24.

En el capítulo anterior llegamos a determinar que el electrón cabe catorce veces en el diámetro de la esfera hueca del neutrón y sabemos que el radio de un protón es del orden de 8.33×10^{-16} *m* por lo que su diámetro es aproximadamente 17×10^{-16} *m*. El radio del electrón es 0.5×10^{-16} *m* y su diámetro el doble de esta cantidad, esto significa que el electrón cabe 17 veces en el diámetro del protón y como cabe 14 veces en el diámetro de la esfera hueca la diferencia es tres, por lo que el grosor del cascarón esférico es 1.5×10^{-16} *m*, esto equivale aproximadamente a tres radios del electrón. Luego, entonces, la distancia de separación entre el positrón y el electrón es de tres radios del electrón. La fuerza eléctrica entre el positrón y el electrón está dada por la ley de Coulomb y se puede calcular su magnitud aplicando la ecuación de dicha ley de la siguiente manera:

$$F_e = k\,\frac{q_1 q_2}{r^2} \quad \text{donde}$$

$$K = 9 \times 10^9\, N\,\frac{m^2}{Coul^2}$$

q_1 y $q_2 = 1.6 \times 10^{-19}$ *Coulomb*

$r = 1.5 \times 10^{-16}\, m$

Sustituyendo en la ley de Coulomb

$$F_e = \frac{9 \times 1.6 \times 1.6 \times 10^9 \, 10^{-19} \, 10^{-19}}{(1.5 \times 10^{-16})^2} = \frac{23 \times 10^{-29}}{2.25 \times 10^{-32}} = -10.22 \times 10^{32-29} = -10.22 \times 10^3 \text{Newton} = 10220\ N$$

El positrón jala y arrastra al electrón con una fuerza de amarre de 10220 N obligándolo a realizar un movimiento circular alrededor del cascarón de masa inercial. Aunque la fuerza de amarre es intensa, el electrón no se atora en la pared del cascarón porque se mantiene flotando debido a la fuerza de repulsión que se da entre la masa inercial del cascarón y la masa radiante del electrón. Hablamos en el capítulo anterior que en el modelo estándar la carga eléctrica la portan los quarks en tercios de la carga fundamental del electrón y la consideramos puntual porque para ellos los quarks no tienen dimensión. A diferencia del modelo estándar, en el modelo dialéctico la carga eléctrica que porta el positrón sí tiene la magnitud que encontró Millikan para el electrón y gira sobre el neutrón o protón a la velocidad de la luz. El positrón por viajar a la velocidad de la luz gira tan rápido alrededor del protón, que no se percibe que la carga esté girando, sino que se manifiesta y se percibe como si fuera una distribución de carga en la superficie del protón. ¿Qué tan rápido gira el positrón sobre el neutrón? El positrón gira sobre el neutrón a la velocidad de la luz a $3 \times 10^8 \frac{m}{seg}$ y recorre la distancia de la circunferencia del cascarón que forma la masa inercial, donde r es el radio del neutrón que por poseer un positrón de aquí en adelante le llamaremos protón. Las revoluciones por segundo que realiza el positrón las podemos calcular al dividir la velocidad de la luz c por la circunferencia del protón:

$r.p.s. = \frac{c}{2\pi r}$ donde c es la velocidad de la luz y $r = 8.33 \times 10^{-16} m$ el radio del protón. Sustituyendo tenemos:

$$r.p.s. = \frac{3 \times 10^8 \frac{m}{seg}}{2 \times 3.1416 \times 8.33 \times 10^{-16} m} = 0.057 \times 10^8 \times 10^{16} \frac{rev}{seg} = 0.057 \times 10^{24}$$

$$= 5.7 \times 10^{22} \frac{rev}{seg}$$

Como el positrón y el electrón están conectados por la fuerza eléctrica, las revoluciones por segundo que realiza el positrón son las mismas que hace el electrón. Como el electrón sí tiene masa y está girando dentro del protón produce un momento angular en él. Para calcular la magnitud del momento angular del protón tenemos que calcular la velocidad del electrón. Usando la ecuación anterior tenemos:

$v=2\pi r \times r.p.s.$ donde $r.p.s.=5.7\times10^{22}$ rev/seg y

$r=8.33\times10^{-16}m-1.5\times10^{-16}m=6.9\times10^{-16}m$

sustituyendo

$v = 2\times3.1416\times6.9\times10^{-16}\,m \times 5.7\times10^{22}\ rev/seg = 247\times10^{6}\,m/seg = 2.47\times10^{8}\ m/seg$

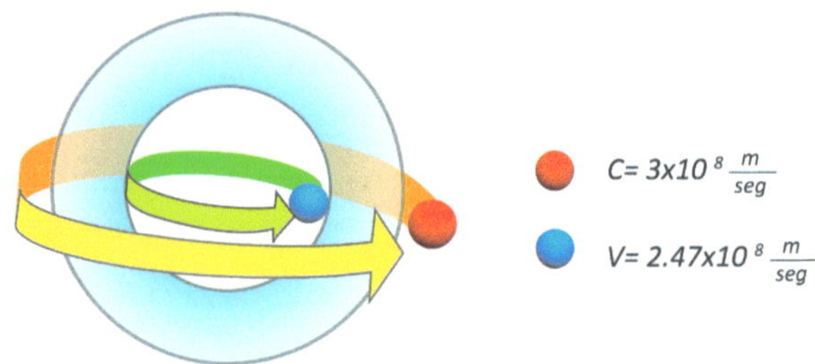

Figura 25.

El momento angular viene dado por la ecuación:

L= mvr donde L es el momento angular, m es la masa del electrón, v la velocidad del electrón y r el radio de la circunferencia descrita por el electrón. Sustituyendo valores:

$L = 9.1 \times 10^{-31}\,Kg \times 2.47 \times 10^{8}\,m/seg \times 6.9 \times 10^{-16}\,m = 155\times10^{8} \times 10^{-16} \times 10^{-31} = 155 \times 10^{-39} = 1.5 \times 10^{-37}\,Kg\,m^{2}/seg$

Si nos fijamos que mientras el positrón se mueve a la velocidad de la luz el electrón se mueve a casi dos tercios la velocidad de esta.

Al comparar el núcleo del hidrógeno del modelo estándar con el del modelo dialéctico vemos que en el modelo dialéctico las cargas se mantienen enteras con un positrón e⁺ y un electrón e⁻ mientras que en el modelo estándar la carga la dividen en tercios; ⅔ e⁺ y ⅓ e⁻ para la carga negativa.

Figura 26.

Hay que tomar en cuenta y hacer notar que, hasta hoy, en ningún evento de la naturaleza o experimento de laboratorio se han encontrado tercios de la carga de 1.6×10^{-19} *Coulomb*.

En 1820 el físico y químico danés Hans Christian Oersted hizo un experimento donde colocaba una brújula con la aguja magnética paralela a un alambre por donde al hacer pasar una corriente eléctrica producida por una batería, la aguja se desviaba perpendicularmente al alambre. El experimento de Oersted mostraba que existía una relación entre las corrientes eléctricas y los campos magnéticos y el experimento de inmediato se divulgó por toda Europa. Una semana después de que se conociera el experimento de Oersted, Ampere descubrió que dos alambres largos y paralelos, separados por una distancia constante se atraían entre sí, cuando se les hacía pasar una corriente eléctrica en el mismo sentido. El experimento de Ampere también mostraba que si la corriente eléctrica en los alambres tenía sentidos contrarios los alambres se rechazaban.

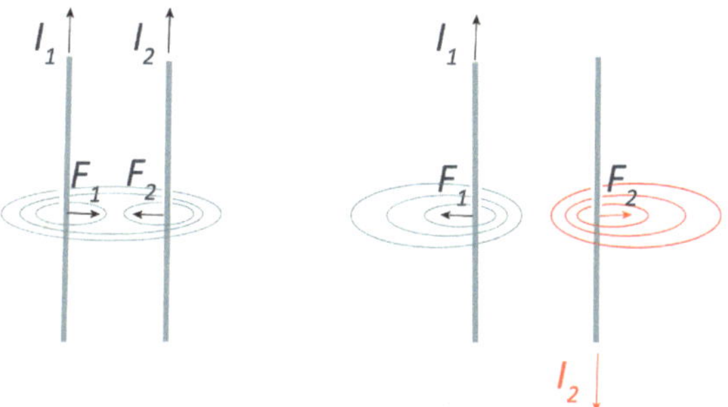

Figura 27.

Del experimento anterior se deduce la ley de Ampere que relaciona cuantitativamente el campo magnético B y la corriente i que circula por el alambre de la siguiente manera $\oint B \cdot dI = \mu_0\, i$. Para encontrar la dirección del campo magnético B en un alambre que lleva una corriente i se utiliza la regla de la mano derecha que consiste en coger el alambre con la mano derecha, con el pulgar apuntando en la dirección de la corriente y la curvatura de los dedos nos indica la dirección del campo magnético B. La fuerza con que se atraen o se repelen los alambres que llevan una corriente i se puede calcular con la relación matemática $\vec{F} = i\vec{l} \times \vec{B}$

Con los experimentos de Oersted y de Ampere se supo que cuando un alambre transporta carga eléctrica siempre se manifiesta un campo magnético alrededor de él. Este efecto es muy importante porque nos permite conocer una nueva propiedad del electrón, la capacidad de producir un campo magnético cuando se mueve a velocidad constante. Esta propiedad de producir un campo magnético cuando se mueve también la posee el positrón. Hasta ahora, solo hemos tratado con alambres rectos, así que vamos a ver qué pasa cuando el alambre tiene forma de un círculo o de una espira. Para indicar el sentido de la corriente que circula por una espira se utiliza el símbolo ⊙ para indicar que la corriente sale hacia nosotros y el símbolo ⊕ para indicar que se aleja de nosotros. El primer símbolo es como si saliera la punta de una flecha del círculo y el segundo símbolo como si entrara la flecha a él. Para encontrar la magnitud del campo magnético de una espira se utiliza la ley de Biot-Savart.

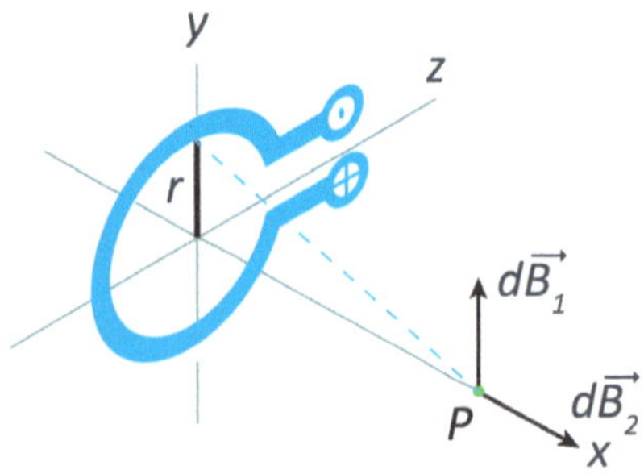

Figura 28

La ley de Biot-Savart nos da el resultado siguiente:

$B = \dfrac{\mu_0 i R^2}{2 \times (R^2 + x^2)^{\frac{3}{2}}}$ donde R es el radio de la espira, x la distancia del punto P a la espira, B la magnitud del campo magnético en el punto P, i la corriente eléctrica que circula por la espira y la constante de permeabilidad cuyo valor es $4\pi \times 10^{-7} \dfrac{Henry}{m}$.

De los experimentos de Oersted y Ampere sabemos que una carga en movimiento produce un campo magnético. ¿Por qué el electrón y el positrón producen un campo magnético? La contestación es por su origen. La segunda ley de la dialéctica nos permitió imaginar y saber cómo se dio el nacimiento del electrón y el positrón y para que sucediera esto, la magnitud del campo magnético de la onda electromagnética debía ser nulo, por lo que el electrón y el positrón traen intrínsecamente los dos polos del campo magnético. Así que cuando un electrón se mueve le aflora lo que lleva dentro, el campo magnético. Lo mismo ocurre con el positrón. Por lo pronto vamos a comparar la fuerza magnética y la fuerza eléctrica para que el lector entienda lo que pasa cuando juntemos o unamos dos protones.

En la novena conferencia general de pesas y medidas de 1948 se definió el ampere de la siguiente manera: "Un amperio es la corriente eléctrica constante que mantenida en dos conductores rectos paralelos de longitud infinita de sección circular despreciable y colocados a un metro de distancia de separación en el vacío, produciría, entre estos conductores, una fuerza magnética igual a 2×10^{-7} Newton por metro de longitud". Se ve de la definición del ampere que los conductores no están eléctricamente neutros, porque hay un exceso de electrones circulando por ellos, así que, cada electrón de un conductor ejerce una fuerza eléctrica sobre el electrón que tiene en frente del otro conductor. Como los conductores están separados por un metro, vamos a aplicar la ley de Coulomb para encontrar el tamaño de esa fuerza eléctrica:

$F_e = k \dfrac{q_1 q_2}{r^2}$ donde q_1 y q_2 son la carga de los electrones y r la distancia que separa a los electrones. Sustituyendo en la ecuación los valores de la carga y la distancia tenemos:

$$F_e = \frac{9\times10^9 N\frac{m^2}{Coul^2}\times1.6\times10^{-19}coul\times1.6\times10^{-19}cuol}{(1m)^2} = \frac{23\times10^{-29}}{1}N = 23\times10^{-29}N$$

Pero por cada amperio de corriente eléctrica que circule por los conductores deben pasar 6.24×10^{18} electrones, entonces la fuerza eléctrica total sería:

$$F_{eT} = 23\times10^{-29} \times 6.24 \times 10^{18}N = 143\times10^{-11}\,N = 1.43\times10^{-9}\,N.$$

Podemos decir que esta fuerza también está distribuida por metro lineal al igual que la fuerza magnética.

Comparemos la fuerza magnética de $2\times10^{-7}\,N$ que nos dieron de la definición del ampere sobre la fuerza eléctrica total que encontramos:

$$\frac{F_m}{F_{eT}} = \frac{2\times10^{-7}\,N}{1.43\times10^{-9}N} = 1.4\times10^{-7}\times10^9 = 1.4\times10^2 = 140$$

Del resultado vemos que la fuerza magnética es 140 veces más potente que la fuerza eléctrica para este caso. Esto se debe a que el campo eléctrico y magnético decaen de diferente manera con la distancia, porque de sus definiciones tenemos: $E \propto \frac{1}{r^2}$ y $B \propto \frac{1}{r}$. Por estas diferencias es posible juntar dos núcleos de hidrógeno según el modelo dialéctico, porque, aunque los electrones y positrones de los protones se repelen ya vimos que la fuerza magnética predomina.

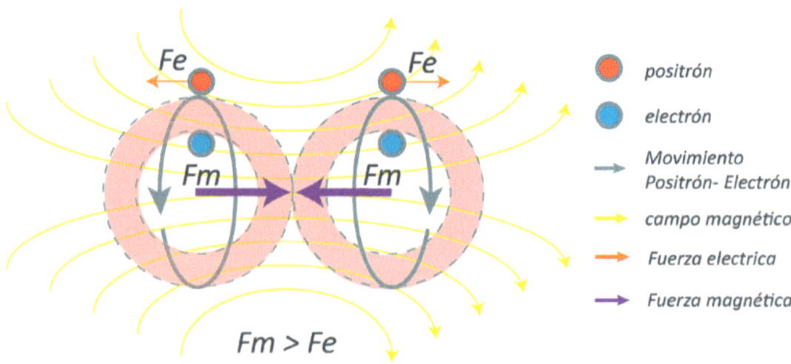

Figura 29.

Con la información que vimos en el párrafo anterior estamos en condición de calcular la fuerza nuclear fuerte y preguntarnos ¿cómo se produce la fuerza nuclear fuerte en el modelo dialéctico? Vamos a demostrar que la fuerza nuclear fuerte en el modelo dialéctico es debido a la fuerza magnética. Para ello, pongamos dos protones juntos con sus positrones girando en la vertical. Los positrones cuando están girando alrededor del cascarón y los electrones en la pared de la esfera hueca se asemejan a un alambre de forma circular que lleva una corriente eléctrica como se ve en la Figura 30.

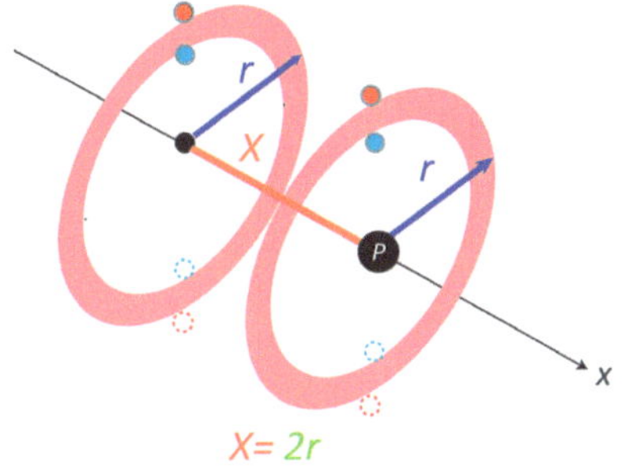

Figura 30.

La Figura 30 nos permite visualizar lo que vamos a realizar. Vimos que el movimiento circular del positrón y el electrón se asemeja a una espira donde circula una corriente eléctrica. Si colocamos dos protones juntos es como si colocáramos dos espiras separadas por los radios de los protones. Por las fuerzas eléctricas de repulsión de las cargas del mismo signo de los positrones y electrones, las espiras están en una posición paralela. El protón de la izquierda es la espira 1 y el de la derecha es la espira 2. Vamos a calcular la magnitud del campo magnético en el punto P que se encuentra en la espira 2 a una distancia x que equivale a dos radios de un protón. En un párrafo anterior calculamos el campo magnético para una espira. Además, tenemos la suerte de que los campos magnéticos obedecen al principio de superposición. Esto nos permite sumar los campos magnéticos de manera lineal como una suma. Así que:

$B_T = B_1 + B_2$ donde B_1 es el campo magnético en el punto P producido por la espira 1 y B_2 es el campo magnético producido por la espira 2 en el punto P. Usando la fórmula del campo magnético para una espira tenemos:

$$B = \frac{\mu_0 i R^2}{2(R^2 + x^2)^{\frac{3}{2}}}$$

Si sustituimos el radio de la espira1 R y el valor de x igual a dos radios de la espira tenemos:

$$B_1 = \frac{\mu_0 i R^2}{2[R^2+(2R)^2]^{\frac{3}{2}}} = \frac{\mu_0 i R^2}{2[R^2+4R^2]^{\frac{3}{2}}} = \frac{\mu_0 i R^2}{2(5R^2)^{\frac{3}{2}}} = \frac{\mu_0 i R^2}{2(5)^{\frac{3}{2}}R^3} = (0.044)\frac{\mu_0 i}{R}$$

Para calcular B_2 en el punto P, la espira 2 está a una distancia cero al punto P por lo tanto x tiene un valor nulo, x=0 y la espira 2 tiene el mismo radio de la espira 1. Sustituyendo valores tenemos:

$$B_2 = \frac{\mu_0 i R^2}{2[R^2+(0)^2]^{\frac{3}{2}}} = \frac{\mu_0 i R^2}{2R^3} = (0.5)\frac{\mu_0 i}{R}, \textit{Además:}$$

$$B_T = B_1 + B_2 = (0.5 + 0.044)\frac{\mu_0 i}{R} = (0.544)\frac{\mu_0 i}{R}$$

Para hallar el valor de B_T necesitamos conocer la corriente i que circula por el alambre imaginario que representa el positrón. Para ello necesitamos saber la frecuencia con que gira el positrón. Para lograrlo sabemos que el positrón gira a la velocidad de la luz y recorre la distancia de la circunferencia del protón, que equivale a $2\pi r_p$ donde r_p es el radio del protón. Este valor ya lo tenemos cuando calculamos las revoluciones por segundo que realizaba el positrón.

Frecuencia = r.p.s. = 5.7×10^{22} rev/seg

La corriente i sería la carga del positrón por su frecuencia:

i = e·f donde e es la carga del positrón y f la frecuencia de él.

$i = (1.6 \times 10^{-19}\ \textit{Coul})(5.7 \times 10^{22}\ \text{rev/seg}) = 9.12 \times 10^{22} \times 10^{-19}\ \textit{Coul/seg}$
$= 9.12 \times 10^{3}\ \textit{Amp.}$

i = 9120 Amp.

Con esta información vamos a calcular la magnitud del campo magnético B_T en el punto P:

$B_T = (0.544)\frac{\mu_0 i}{R}$ donde μ_0 es igual $4\pi \times 10^{-7}\frac{weber}{Amp\cdot m}$, i igual 9120 Amp. y R es el radio del protón.

$$B_T = (0.544)\frac{4\pi \times 10^{-7}\frac{weber}{Amp\cdot m} \times 9120\,Amp}{8.33\times10^{-16}m} = \frac{62345\frac{weber}{m}\times 10^{-7}}{8.33\times10^{-16}m} = 7484\frac{weber}{m^2} \times 10^{16} \times 10^{-7} = 7484 \times$$

$$10^9\frac{weber}{m^2} = 7.5 \times 10^{12}\, Teslas\,(T)$$

El campo magnético calculado corresponde al campo producido por el positrón, pero también el electrón está produciendo un campo magnético, así que en realidad el campo total en el punto P es la suma de los dos campos. Por lo tanto, vamos a calcular la magnitud del campo magnético producido por el electrón en el punto P, esto es:

$$B_{Te} = (0.544)\frac{\mu_0 i}{R}\ donde$$

$$\mu_0 = 4\pi \times 10^{-7}\frac{weber}{Amp\cdot m}$$

i = 9120 Amp

$R = 6.9\times10^{-16}\,m$, Sustituyendo en la ecuación tenemos:

$$B_{Te=(0.544)}\frac{4\pi \times 10^{-7}\frac{weber}{amp\cdot m} \times 9120\,Amp}{6.9 \times 10^{-16}m} = \frac{62345 \times 10^{-7}\frac{weber}{m}}{6.9 \times 10^{-16}m} = 9035 \times 10^9\frac{weber}{m^2}$$

$$\approx 9 \times 10^{12}T$$

Sumando la magnitud de los campos magnéticos del positrón y electrón tenemos:

$$B_T = B_{Tp} + B_{Te} = 7.5 \times 10^{12} + 9 \times 10^{12}\,T = 16.5 \times 10^{12}\,T$$

El hecho de que exista el campo magnético B_T en el punto P y la espira dos tenga circulando una corriente i es suficiente para que se produzca una fuerza de atracción de la espira dos sobre la espira uno por la sencilla razón de que las cargas en movimiento de la espira dos están atravesando las líneas del campo magnético de la espira uno. Lo anterior se puede enunciar de la siguiente manera; el protón dos está atrayendo al protón uno con una fuerza de magnitud de:

$F_P = -2\pi B_{Tp} i_2 \cdot b$ donde F_p es la fuerza magnética en el punto P, B_{Tp} es el campo magnético total en el punto P, i_2 es la corriente eléctrica producida por el movimiento de las cargas del protón dos y b es el radio de la espira dos que corresponde al radio del protón dos. Sustituyendo los valores que conocemos en la ecuación anterior tenemos:

$$F_P = -2B_{Tp}i_2 r_p = -2\pi(16.5 \times 10^{12} T)(9120 Amp)(8.33 \times 10^{-16} m) =$$
$$-7876000 \times 10^{-4}\ T\ Amp \cdot m = -787\ N \approx -790\ N$$ el signo − significa que la fuerza es atractiva.

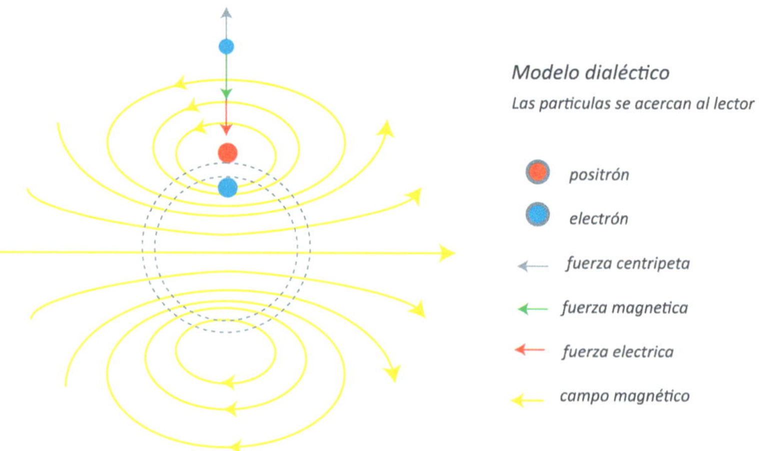

Figura 31.

Esta fuerza de 790 N es una fuerza fundamental, debe estar presente en todos los núcleos de helio. La fuerza nuclear fuerte dialéctica de 790 N es una constante en los núcleos como lo es la carga eléctrica del electrón o la velocidad de la luz. Aparte del núcleo de hidrógeno que surge cuando un neutrón atrapa un positrón, el del helio es el más importante de los elementos químicos para que se formen los demás átomos; se podría decir que son los ladrillos del universo. Esto es tan cierto que los elementos radiactivos cuando se están desintegrando los arrojan como partículas alfa. Las partículas alfa son núcleos de helio-4, son núcleos formados por dos protones y dos neutrones. Todo esto lo veremos más adelante cuando hablemos del núcleo del helio. Por lo pronto es importante saber que no necesitamos del efecto túnel y ni de la antimateria de los mesones para que dos protones se unan. La unión de los protones se da por la acción de las cargas eléctricas en movimiento y las fuerzas magnéticas que se producen y no por una fuerza llamada fuerza nuclear fuerte. Aquí con hechos reales hemos sepultado la fuerza nuclear fuerte.

FUERZA NUCLEAR DÉBIL

El modelo estándar de la física de partículas tiene una tabla donde muestra las partículas fundamentales generadoras de la materia del universo.

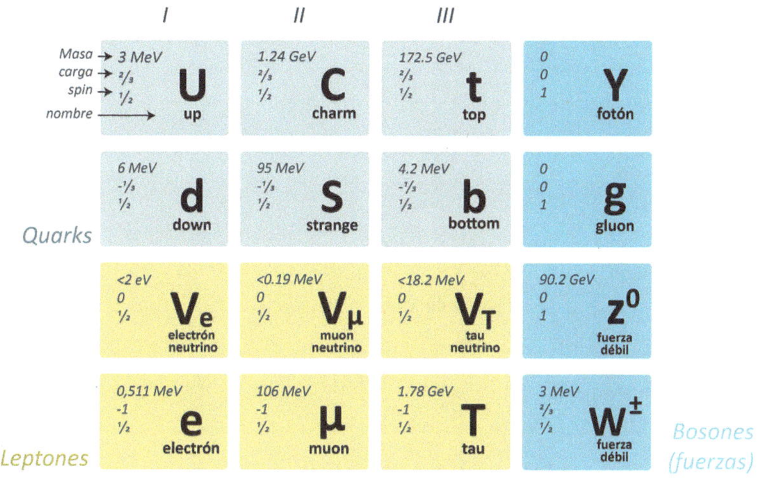

Figura 32.

Al lado derecho de dicha tabla aparecen cuatro partículas llamadas bosones gauge que son las responsables de que haya la fuerza nuclear fuerte, la fuerza electromagnética y la fuerza nuclear débil. En la naturaleza existe la fuerza gravitacional que viene siendo la cuarta fuerza, pero no aparece en el lado derecho de la tabla porque aún no han encontrado un bosón responsable de ella. Los físicos ya le tienen el nombre de gravitón para cuando lo encuentren de inmediato bautizarla. La segunda partícula que aparece al margen derecho de la tabla es el gluon, del cual ya hemos hablado bastante, pero no sobra recordar que es el responsable de la fuerza nuclear fuerte de acuerdo con el modelo estándar de la física de partículas. El gluon evita que los quarks up no se separen y evita también que los quarks up y down no colapsen. Calculamos que los gluones tienen que hacer un esfuerzo de 500 N y hasta 2360 N para que los quarks no se desperdiguen. Otra función que mencionamos de los gluones es de impedir que el quark up y el antiquark up se conviertan en energía evitando que se junten y se aniquilen para que sigan existiendo en forma de mesón.

La primera partícula que aparece al lado derecho de la tabla es el fotón. El modelo estándar considera que los fotones son los responsables de que las cargas eléctricas se repelen o se atraigan y de que lo mismo suceda con los polos magnéticos. Cuando tenemos dos cargas eléctricas del mismo signo frente a frente reaccionan repeliéndose. La fuerza de repulsión entre las cargas es debido a que las cargas se lanzan fotones virtuales que chocan continuamente en ambas cargas haciendo que las cargas se repelen y si por alguna manera las cargas quedan inmovilizadas, el flujo de fotones continúa fluyendo por siempre entre las cargas. Para cargas del mismo signo uno puede comprender que los fotones virtuales van y golpean a los electrones o protones que componen las cargas y por esa razón hay la reacción de repelerse o separarse, pero para cargas de signo contrario, donde existe una fuerza de atracción, el proceso se complica y es más difícil para uno imaginarse cómo ocurre el movimiento de los fotones virtuales para que se dé la atracción. Los físicos para salir del atolladero sugieren que los fotones virtuales deben realizar un movimiento de bumerán. El fotón al abandonar la carga eléctrica sale disparado hacia atrás de una de las cargas empujando la carga hacia la otra carga y el fotón describe un movimiento de bumerán que cuando llega a la otra carga lo hace por atrás de dicha carga como empujándola a la carga de donde surgió. Lo mismo pasa para los polos magnéticos, como se ve en la siguiente figura 33.

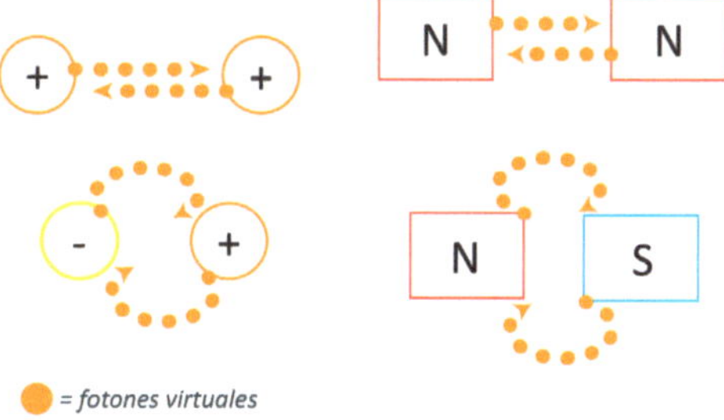

Figura 33.

Los físicos recurren a los fotones virtuales para explicar las fuerzas electromagnéticas porque para ellos la energía de vacío es una fuente inagotable de todo tipo de partículas virtuales y de energía. La energía del vacío es un as bajo la manga para los físicos, la utilizan para cualquier cosa, como para que haya mesones en el protón, para completar la masa del protón que no pueden proporcionar los quarks, para que el universo se expanda y muchas cosas más. En las fuerzas electromagnéticas, si los físicos usaran fotones reales para describir las fuerzas de repulsión y de atracción de las cargas o de los polos magnéticos, se les complicarían las cosas, porque un fotón real al chocar con las cargas eléctricas o contra un imán de inmediato surgirían fluorescencias de diferentes tonalidades o mínimo efectos fotoeléctricos.

La tercera y cuarta partícula que aparecen al final de la tabla son los bosones Z y W. Para el modelo estándar ellos son los responsables de que se dé la fuerza nuclear débil en la naturaleza. El bosón W prácticamente son dos partículas porque hay un bosón positivo W^+ y un bosón negativo W^-. Para el modelo estándar los neutrones son de cierta manera partículas estables cuando se encuentran acompañados de protones, pero inestables cuando están solos porque en un lapso de quince minutos a lo más, decaen y se convierten en protones. La conversión de los neutrones a protones sigue un proceso en el cual un quark down se transforma en un quark up y en un bosón W^- que luego este bosón W^- se desintegra en un electrón y en un electrón-antineutrino. El hecho de que en el proceso de transformación de neutrón a protón al final aparezca un electrón se le llama desintegración beta. Cuando aún no se conocía la existencia de los electrones pero que en los experimentos se manifestaban, se les llamaban partículas beta, de ahí el concepto de desintegración beta. Vamos a describir todo el proceso de desintegración beta de acuerdo con cómo lo concibe el modelo estándar de la física de partículas. Para ellos el neutrón no es una partícula fundamental, sino una partícula compuesta por dos quarks down y un quark up y cuando el neutrón decae es porque uno de los quarks down se transmuta a quark up transformando la carga eléctrica negativa de $-\frac{1}{3}$ a una carga positiva de $+\frac{2}{3}$ y creando un bosón W⁻ virtual. Como ustedes pueden ver, la fuerza nuclear débil no es una fuerza, es un poder, es una varita mágica de Harry Potter que lo que toca lo transforma a su manera o provecho. En la tabla de la figura 32 aparece que la masa del quark down es de 6 MeV y la masa del bosón W⁻ es de 80 GeV. Ahora ustedes se preguntarán y yo también ¿De dónde sale tanta masa para crear al bosón? El modelo estándar asegura que eso no significa ningún problema, ya que el bosón w⁻ es una partícula virtual y aunque tenga mucha masa, su aparición dura un instante y que por ello la naturaleza no lo percibe y ni cuenta se da de su presencia y que si al principio en un momento dado se viola el principio de conservación de la masa y de la energía al final todo se equilibra sin ninguna consecuencia para el sistema neutrón-protón. Pero la historia no termina aquí, porque el bosón antes de desaparecer también se desintegra arrojando al universo un electrón y un electrón-antineutrino. De nuevo aparece el problema de la conservación de la masa en el proceso descrito, ya que un bosón tiene una masa 80 GeV y el electrón una masa de tan solo 0.5 MeV. El problema de la masa en la desintegración beta se puede decir que no es nada, es algo irrelevante en comparación a lo que pasa con la carga eléctrica. ¿Cómo una carga negativa se convierte en carga positiva? Y peor aún, ¿cómo una unidad de carga negativa se convierte en dos unidades de carga positiva? Al respecto el modelo estándar no dice nada, se queda callado, solo atina a decirnos que la carga cambió de sabor. Como ven, el modelo estándar para explicar la transformación de un neutrón a protón rompe las principales leyes de la física, pero ustedes tienen la última palabra para aceptar o no lo planteado en los párrafos anteriores. El proceso de transformación de protón a neutrón es básicamente el mismo proceso que relatamos en la transformación neutrón-protón, solo que en este caso utilizan el bosón W positivo y no lo vamos a describir. Pero sí vamos a recalcar que la fuerza nuclear débil no es una fuerza, es un poder. Ustedes juzguen si es natural o divino.

En el modelo dialéctico no se presentan estas contradicciones que se dan en el modelo estándar. En el modelo dialéctico el neutrón sí es una partícula fundamental como lo es el electrón y el positrón. El neutrón al adquirir un positrón en automático se transforma en protón y si lo pierde de inmediato vuelve a lo que era. Ya hemos comentado que la estructura que presenta el neutrón, principalmente su electrón que lleva en su interior, es lo que le permite comportarse como neutrón y como protón. Lo mismo que le pasa en el modelo estándar al neutrón le pasa en el modelo dialéctico porque no puede estar solo, tiene que estar protegido por los protones. Un neutrón solo es un neutrón inestable porque está expuesto a los positrones porque existe la posibilidad de ser impactado por un positrón y de inmediato convertirse en un protón. Cuando el neutrón se encuentra entre los protones está más protegido debido a la carga positiva que presentan estos, la carga le sirve de escudo porque los positrones que llegan del exterior son rechazados por los positrones del núcleo. Por ahora solo nos queda decir que no es necesario el uso de bosones para que un neutrón se transforme en protón, pero sí es necesario un positrón para lograrlo. En el capítulo siguiente vamos a hablar de los campos magnéticos en el interior de los núcleos y nos va a permitir explicar cómo se da la desintegración beta en los átomos.

NÚCLEO DEL HIDRÓGENO

En 1913 el físico Danés Niels Bohr propuso su modelo atómico del átomo de hidrógeno de acuerdo con tres postulados. El primer postulado dice que los electrones describen órbitas circulares entorno al núcleo del átomo sin irradiar energía. El postulado nos permite calcular la órbita del electrón porque la fuerza de atracción eléctrica debe ser igual a la fuerza centrípeta ejercida sobre el electrón. Al igualar las fuerzas obtenemos el siguiente resultado:

$r = k\dfrac{e^2}{m_e v^2}$ donde k es la constante de la fuerza de Coulomb, e es la carga del electrón, m_e es la masa del electrón y v es la velocidad del electrón en la órbita y r es el radio de la órbita.

El segundo postulado enuncia que las únicas órbitas permitidas para un electrón son aquellas en que el momento angular del electrón es un múltiplo entero de $h/2\pi$. Matemáticamente esto se escribe así:

$L = m_e vr = n\dfrac{h}{2\pi}$ donde h es la constante Planck y n = 1, 2, 3... sustituyendo v en la ecuación del radio de la órbita del electrón nos queda:

$$r_n = \frac{n^2 h^2}{4\pi^2 m_e e^2} \; con \; n = 1, 2, 3, 4....$$

La fórmula anterior nos permite calcular las órbitas del electrón para el átomo de hidrógeno, así para n=1 tenemos la primera órbita del electrón llamada radio de Bohr y su valor es:

$$r = 5.29 \times 10^{-11} \, m$$

El tercer postulado habla de que el electrón emite o absorbe energía en los saltos de una órbita permitida a otra. Al saltar el electrón emite o absorbe un fotón cuya energía es la diferencia de energía entre ambos niveles, esto es:

$E_\gamma = h\nu = E_{nf} - E_{ni}$ donde n_i es la órbita inicial y n_f la final.

El modelo atómico de Bohr es un modelo que por primera vez da una interpretación teórica del espectro del hidrógeno no basada en experimentos y que incluye ideas cuánticas. El modelo atómico de Bohr está limitado a solo el átomo de hidrógeno, no funciona para ningún otro elemento químico, así cambiaran la forma de las órbitas de circulares a elípticas o los números cuánticos de enteros a fracciones. Todo indica que fue una casualidad de que funcionara el modelo de Bohr cuantizando el momento angular del electrón.

En el modelo dialéctico el panorama pinta distinto porque el protón está compuesto por el positrón y el electrón encerrado, en este caso uno se pregunta: ¿El protón es positivo? Debe serlo porque las líneas del flujo del campo eléctrico del positrón no se anulan del todo con las del electrón como se ve en la figura.

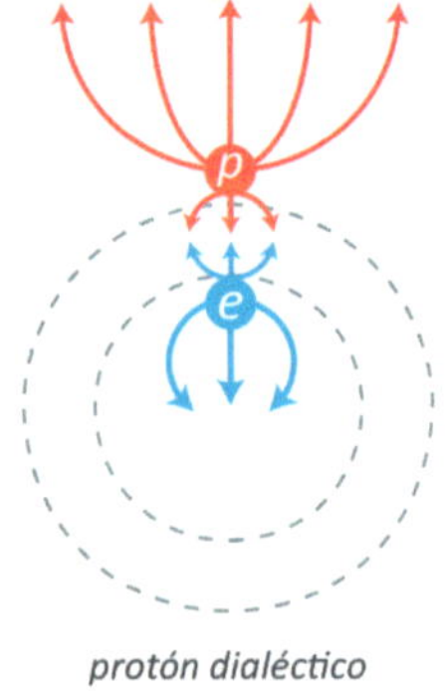

Figura 34.

De las ecuaciones de Maxwell se desprende qué cargas eléctricas aceleradas irradian energía en forma de ondas electromagnéticas, es por eso por lo que Bohr en su primer postulado decreta que los electrones no irradian energía en su órbita alrededor del protón. Pero ¿cómo irradian energía los electrones? En las antenas de las radio-transmisoras utilizan este principio de Maxwell y hacen que los electrones se muevan en un sentido y en otro, acelerándolos y desacelerándolos a lo largo de la antena para producir ondas de radio. Esta radiación representa una pérdida de energía para los electrones acelerados en la antena y debe ser compensada por un oscilador que se las proporciona. Pero a nivel de los átomos, a los electrones no hay quién les proporcione energía y por lo tanto según las ecuaciones de Maxwell se les debe agotar y caer al núcleo del átomo en un tiempo muy breve. El lector debe saber que en la Física hay dos maneras de que un cuerpo se acelere. Han de saber que la velocidad es un vector y cómo todo vector tiene magnitud, dirección y sentido. Así que un cuerpo se acelera si aumenta la magnitud de su velocidad o si cambia la dirección de su movimiento. Este efecto todos lo hemos sentido cuando nos desplazamos en un vehículo y al tomar una curva del camino sentimos que somos empujados hacia la puerta o al centro del vehículo y si en ese momento frenamos sentimos que chocamos con el tablero del vehículo. La inercia es la responsable de que pase lo anterior dicho ya que todo cuerpo tiende a estar en reposo o en movimiento rectilíneo uniforme. Lo mismo pasa con los electrones al moverse en su órbita alrededor del núcleo, como los electrones tienen masa por lo tanto tienen inercia, digamos que sienten que son expelidos pero una fuerza eléctrica los jala hacia el centro del núcleo. En este caso los electrones están cambiando continuamente la dirección de su velocidad y están acelerados por lo que experimentan una fuerza centrípeta, y no sale disparado el electrón de su órbita porque el protón con su carga eléctrica positiva lo está atrayendo. ¿Cuál es la diferencia que existe entre los electrones acelerados en la antena de radio y los electrones alrededor del núcleo de un átomo? La diferencia es el modo en cómo se aceleran. En la antena los acelera un oscilador y en el núcleo el cambio de dirección constante de la velocidad. Pero en ningún momento vemos que los átomos irradian energía por esta razón. Esto nos lleva a afirmar que un electrón irradia energía solo y solo si cambia la magnitud de su velocidad y no porque estén cambiando de dirección en su movimiento. Así que un electrón no irradia energía en su movimiento alrededor del núcleo porque la magnitud de su velocidad se mantiene siempre constante. Si por alguna razón se altera el estado de un átomo como al aumentar su temperatura, esto hará que los electrones vibren y entonces sí empiecen a irradiar energía, aunque les aumentemos la temperatura o no los átomos siempre están agitados e irradiando energía.

En el modelo dialéctico vimos que el núcleo de un átomo de hidrógeno está compuesto por un positrón y un electrón que por el hecho de estar girando deben producir un campo magnético. Para calcular la magnitud del campo magnético vamos a utilizar la ecuación de la ley de Biot-Savart para un punto donde x tiene el valor de cero, esto es en el centro de las dos espiras casi empalmadas que forman la carga positiva y la negativa una con el radio del protón y la otra por el radio que figura el electrón dentro de la esfera hueca:

$$B = \frac{\mu_0 i R^2}{2(R^2 + x^2)^{\frac{3}{2}}} = \frac{\mu_0 i R^2}{2[R^2 + (0)^2]^{\frac{3}{2}}} = \frac{\mu_0 i R^2}{2(R^2)^{\frac{3}{2}}} = \frac{\mu_0 i R^2}{2R^3} = \frac{1}{2}\frac{\mu_0 i}{R}$$

$$B_T = B_{p+} + B_{e-} = \frac{1}{2}\frac{\mu_0 i}{R} + \frac{1}{2}\frac{\mu_0 i}{R} = \frac{\mu_0 i}{R} \text{ donde}$$

$$\mu_0 = 4\pi \times 10^{-7} \frac{weber}{Amp \cdot m}$$

i = 9120 Amp

R = radio del protón = $8.33 \times 10^{-16} \, m$

$$B_p = \frac{(4\pi \times 10^{-7})(9120)}{2 \times 8.33 \times 10^{-16}} \frac{weber}{m^2} = 6879 \times 10^9 Tesla \approx 6.9 \times 10^{12} \, T$$

Para el electrón R es igual $6.9 \times 10^{16} m$ así que sustituyendo en la ecuación donde x=0 tenemos

$$B_e = \frac{\mu_0 i}{2R} = \frac{4\pi \times 10^{-7} \frac{weber}{Amp \cdot m} \times 9120 \, Amp}{2 \times 6.9 \times 10^{-16} \, m} = \frac{114605 \times 10^{-7} \frac{weber}{m}}{13.8 \times 10^{-16} \, m} = 8300 \times 10^9 \frac{weber}{m^2}$$
$$= 8.3 \times 10^{12} \, T$$

El campo magnético total B es la suma del campo magnético del positrón y el del electrón

$$B = Bp + Be = (6.9 + 8.3) \times 10^{12} \, T = 15.2 \times 10^{12} T \approx 15 \times 10^{12} \, T$$

El campo magnético dentro del protón es muy intenso capaz de atrapar electrones como lo hace nuestro planeta que con un campo magnético de tan solo 65 μT en los polos terrestres nos brinda unas hermosas auroras boreales a causa de los choques de los electrones atrapados con los átomos de la atmósfera terrestre. La figura 35 muestra cómo los electrones pueden ser atrapados por el campo magnético producido por las cargas en movimiento en el núcleo de hidrógeno. Se figuró un electrón en cada extremo del campo magnético, pero pueden ser muchos más. Estos electrones extras son la razón por la cual los átomos pueden arrojar electrones bajo ciertas condiciones y no por la fuerza nuclear débil. Bohr calculó la órbita del electrón igualando la fuerza eléctrica con la fuerza centrípeta, pero en el modelo dialéctico existe la fuerza magnética de atracción que hay que tomar en cuenta la cual es ejercida sobre el electrón cuando este está traspasando las líneas del flujo del campo magnético con una velocidad v y que es necesario agregar a la fuerza eléctrica como se ve en la figura 35.

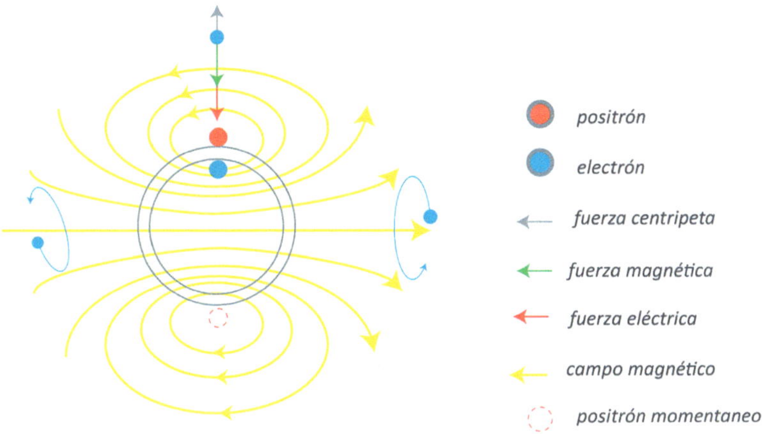

tres electrones atrapados por el campo magnetico

Figura 35.

En la figura 35 aparecen las tres fuerzas que actúan sobre el electrón; la centrípeta, la eléctrica y la magnética. El lector puede no creer que haya un campo magnético de dentro del núcleo del hidrógeno y está en todo su derecho, porque sabe que el mayor imán construido por el hombre tiene un máximo de 45 T. Pero una cosa es lo que construye el hombre y otra lo que construye la naturaleza. Pero para salir de la duda calculemos el campo magnético que experimenta un electrón cuando circula en la órbita de Bohr. De la ley de Biot-Savart tenemos:

$$B = \frac{\mu_0 i R^2}{2(R^2 + x^2)^{\frac{3}{2}}}$$ donde B_T es aproximadamente dos veces B por el positrón y el electrón

$$\mu_0 = 4\pi \times 10^{-7}\, \frac{weber}{Amp \cdot m}$$

$$R = 8.33 \times 10^{-16} m$$

$$i = 9120\, Amp$$

$$x = radio\ de\ Bohr = 5.29 \times 10^{-11}\, m$$

Sustituyendo nos queda:

$$B_T = \frac{\mu_0 i R^2}{[R^2 + x^2]^{\frac{3}{2}}} = \frac{4\pi \times 10^{-7}\, \frac{weber}{Amp \cdot m} \times 9120\, Amp \times (8.33 \times 10^{-16}\, m)^2}{[(8.33 \times 10^{-16}\, m)^2 + (5.29 \times 10^{-11}\, m)^2]^{\frac{3}{2}}} =$$

$$B_T = \frac{7996952.7 \times 10^{-7} \times 10^{-32} weber \cdot m}{[69.38 \times 10^{-32} m^2 + 27.98 \times 10^{-22} m^2]^{\frac{3}{2}}} = \frac{7995952.7 \times 10^{-39} weber \cdot m}{[(27.98 \times 10^{-22} m^2)^3]^{\frac{1}{2}}} =$$

$$B_T = \frac{7995952.7 \times 10^{-39} weber \cdot m}{(21905 \times 10^{-66} m^6)^{\frac{1}{2}}} = \frac{7995952.7 \times 10^{-39} weber \cdot m}{148 \times 10^{-33} m^3} = 54026.7 \times 10^{-6}\, \frac{weber}{m^2} = 0.05\, T$$

En el cálculo anterior omitimos el valor 69.38 x 10^{-32} por ser una cantidad muy diminuta que no afecta en la suma. El lector puede ver que el campo magnético en un punto por donde pasa el electrón en la órbita de Bohr no es tan intenso, equivale a la intensidad de un imán que usamos para sujetar papeles en el refrigerador. En el ejemplo anterior donde calculamos un campo magnético de 0.05 T en la dirección del eje que figuran el positrón y el electrón en su movimiento circulatorio alrededor del núcleo del hidrógeno. En este caso el electrón siente una fuerza lateral que lo obliga a tener un movimiento circular y es donde se pueden acumular electrones que en ciertas condiciones pueden ser lanzados fuera del núcleo de hidrógeno como sucede con la fuerza nuclear débil. Hay que hacer notar que en la física clásica el campo magnético perpendicular al eje de rotación del positrón lo consideran nulo, pero en el modelo dialéctico esto no puede ser considerado de esta manera porque el campo magnético dentro del átomo de hidrógeno es muy intenso y sus líneas de flujo magnético se distribuyen en todo el espacio a su alrededor como lo vimos cuando calculamos el campo magnético del núcleo de hidrógeno donde encontramos que tiene un valor de $15 \times 10^{12} \ T$

El radio de Bohr para la primera órbita del electrón implica que existe un abismo entre el protón y el electrón. Se calcula que el radio del electrón cabe 100 000 veces en la distancia de éste al protón. Comparado con nuestro sistema solar vemos que Neptuno, nuestro último planeta, cabe aproximadamente 90,000 veces en la distancia que lo separa del Sol. De este tamaño podemos imaginar el espacio que hay entre el protón y el electrón. Hay algo que no cuadra en el modelo atómico de Bohr, que puede estar de acuerdo y acorde con los espectros del hidrógeno, pero que no concuerda con la realidad. Los electrones en el modelo atómico de Bohr se encuentran muy alejados del núcleo y por lo tanto no pueden junto con el núcleo formar una estructura lo suficientemente fuerte para ligar con otros elementos químicos y construir compuestos químicos estables como encontramos en la naturaleza, como lo vamos a ver cuando hablemos de las moléculas. Por lo pronto, vamos a tratar de ver cómo el modelo dialéctico nos permite ver que el hidrógeno adquiere neutrones para convertirse en los isótopos de deuterio y tritio, cosa que el modelo estándar de la física de partículas no puede hacerlo. Supongamos que tenemos un núcleo de hidrógeno con su positrón girando, la única configuración estable en la cual el positrón tenga sujeto al neutrón es la que se muestra en la figura 36.

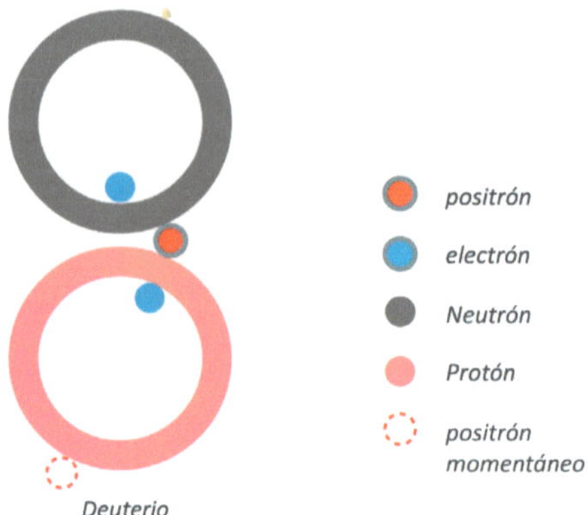

Figura 36.

Como el positrón gira a la velocidad de la luz y no tiene masa, en su giramiento pasa casi por abajo del neutrón y no como se ve en la figura donde le dimos forma y tamaño para que el lector imaginara cómo está la situación en el movimiento del positrón y es por ello por lo que el neutrón siente como si un aro de carga positiva lo está atrayendo hacia el protón con una fuerza de la siguiente magnitud. Aplicando la ley de Coulomb tenemos:

$$F = k\,\frac{q_1 q_2}{L^2} \text{ donde}$$

$$k = 9 \times 10^9 \, \frac{Nm^2}{coul^2}$$

$$q_1 = q_2 = 1.6 \times 10^{-19} \text{Coul}$$

$$L = espesor\ de\ la\ masa\ inercial = 3(0.5 \times 10^{-16}m)$$

Sustituyendo nos queda:

$$Fp = \frac{9 \times 10^9 \times 1.6 \times 1.6 \times 10^{-19} \times 10^{-19} \, \frac{Nm^2}{coul^2} \times coul^2}{[3(0.5 \times 10^{-16})]^2 \ m^2} = \frac{23 \times 10^{-29}}{2.25 \times 10^{-32}} N = 10.24 \times 10^3 N$$

$$= 10240\ N$$

Para la fuerza de repulsión entre los dos electrones vemos en la figura 36 que los separa una distancia de 2L, por lo tanto, el cuadrado de la distancia es $4L^2$, esto significa que la fuerza de repulsión es la cuarta parte de la fuerza de atracción. Sumando fuerzas nos queda:

$$F_T = F_p - F_e = 10240 \text{ N} - 2560 \text{ N} = 7680 \text{ N}$$

Esta es la fuerza máxima entre el protón y el neutrón porque cuando el positrón y el electrón están en el extremo opuesto al neutrón predomina una fuerza de repulsión. La fuerza es muy intensa de acuerdo con la ley de Coulomb, pero es una fuerza variante que en determinado momento el núcleo del hidrógeno puede perder el neutrón. Hemos figurado el primer isótopo del hidrógeno conocido como deuterio y para figurar el tritio, segundo isótopo, es nada más agregar otro neutrón en posición opuesta al primer neutrón. El segundo neutrón presenta las mismas condiciones que tiene el primero, pero existe una fuerza de repulsión entre ellos, que por estar separados por el diámetro del protón es inferior a la fuerza que ejerce el positrón a ellos.

Figura 37.

De la figura donde representamos al tritio se puede ver que el núcleo de hidrógeno no puede aceptar otro neutrón en su vecindad porque los tres electrones presentes en el tritio lo rechazarían como se muestra en la figura 38.

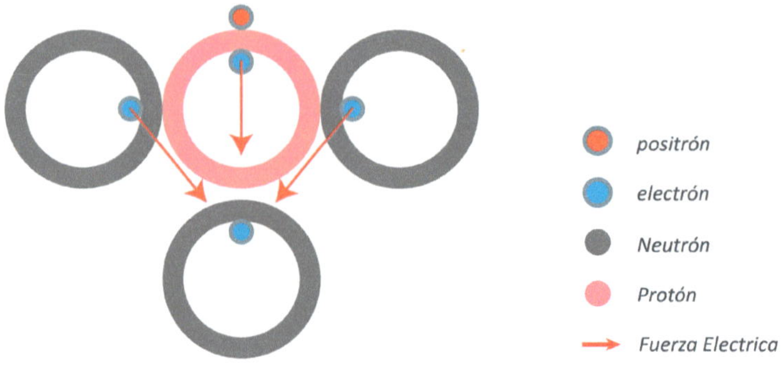

No puede existir un isotopo del hidrogeno con 3 neutrones

Figura 38.

Como se ve, en el modelo dialéctico es fácil imaginar cómo se forman los isótopos de los elementos químicos, muy al contrario, al modelo estándar el cual no puede explicar cómo se dan los isótopos en la naturaleza.

EL NÚCLEO DE HELIO

El helio después del hidrógeno es el más abundante en la naturaleza. El horno donde se cocina hidrógeno para obtener helio se encuentra en las estrellas. Las estrellas son los únicos entes en el universo con la suficiente temperatura para fusionar núcleos de hidrógeno y producir helio y otros elementos químicos más. Cuando la temperatura en la estrella no es suficientemente alta para fusionar núcleos de hidrógeno, entra en acción el proceso de fusión mediante el efecto túnel, en el cual un núcleo de hidrógeno es capaz de atravesar el potencial que representa la fuerza de repulsión entre ellos y así formar un núcleo de helio como lo vimos en capítulo anterior. También vimos la versión del modelo estándar de la física de partículas que a partir de cuatro protones forma un núcleo de helio, valiéndose de la fuerza débil para mutar dos protones en neutrones y así obtener como resultado un núcleo de helio.

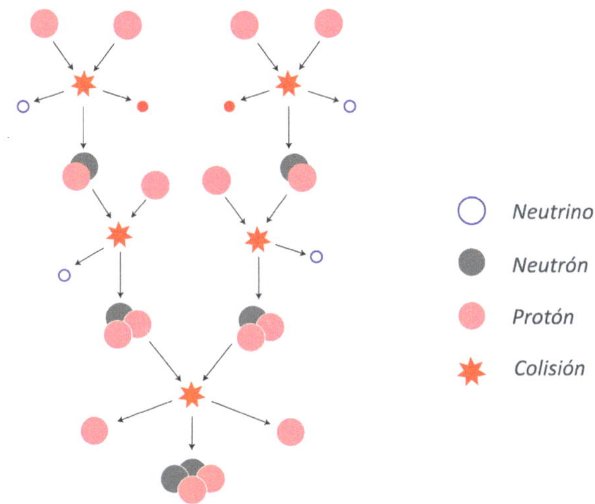

Fusión del Helio, según el modelo standar

Figura 39.

El modelo estándar no tiene principios ni bases para que nos dé una razón por la cual un neutrón o varios neutrones se añaden o se unan al protón. Si ustedes preguntan ¿por qué se unen los neutrones a los protones? El modelo estándar no tiene respuesta, lo único que puede decir es que así ocurre en la naturaleza. Por lo contrario, el modelo dialéctico sí nos presenta una estructura atómica por la cual se puede visualizar cómo los protones atrapan a los neutrones. En el capítulo de la fuerza nuclear fuerte hablamos de que la fuerza nuclear fuerte en el modelo dialéctico la producía el campo magnético que se originaba por el movimiento de las cargas de los protones. Dicho campo magnético producía una fuerza de atracción entre los protones de 790 Newton. A esta estructura nuclear de dos núcleos de hidrógeno unidos por una fuerza magnética de 790 Newton la llamamos ladrillo universal porque esta se presenta en todos los elementos químicos, sola o con uno o dos neutrones integrados al ladrillo universal. Los elementos químicos están basados en este modelo, desde el helio hasta el último elemento de la tabla periódica. Es por ello por lo que los materiales radioactivos las arrojan como partículas alfa, arrojan los ladrillos universales porque de eso están constituidos. Las partículas alfa son iones positivos de helio, son núcleos que no portan electrones. El helio cuando atrapa un neutrón lo hace por la fuerza eléctrica de atracción entre los positrones y el electrón del neutrón. Cuando el núcleo de helio atrapa a un solo neutrón tenemos un helio tres , esto es un núcleo compuesto por dos protones y un neutrón como se ve en la figura 40. Les recuerdo que el positrón no tiene masa, en la figura le damos cuerpo para que el lector imagine que allí está ejerciendo una fuerza.

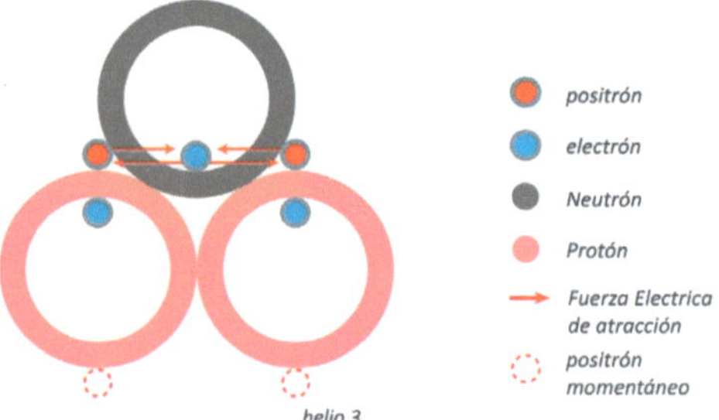

Figura 40.

El helio tres es una estructura estable y en la Tierra no es tan abundante como lo es el helio cuatro. Hay un átomo de helio tres por cada cien millones de átomos de helio cuatro. En las estrellas por la fusión nuclear podemos encontrar un mayor número de átomos de helio tres en una proporción de uno a cien átomos de helio cuatro. En la figura 40 vemos que el electrón del neutrón no está en el centro de este, sino recorrido hacia el cascarón de la masa inercial debido a la atracción que ejercen los positrones. La fuerza que ejerce un positrón sobre el neutrón debe ser de la misma magnitud a la que ejerce el otro positrón. Por lo tanto, el electrón del neutrón se encuentra en equilibrio. Usando la ley de Coulomb tenemos:

$F_a = k\dfrac{q_1 q_2}{R^2}$ donde F_a es la fuerza de atracción, k la constante de Coulomb, q_1 la carga del positrón, q_2 la carga del electrón y R el radio del protón. Sustituyendo tenemos:

$$k = 9 \times 10^9 \frac{Nm^2}{Coul^2}$$

$$q_1 = q_2 = 1.6 \times 10^{-19} Coul$$

$$R = r_p = 8.33 \times 10^{-16} m$$

$$F_a = \frac{9 \times 10^9 \frac{Nm^2}{Coul^2} \times 1.6 \times 10^{-19} Coul \times 1.6 \times 10^{-19} Coul}{(8.33 \times 10^{-16} m)^2} = \frac{23 \times 10^{-29} Nm^2}{69.38 \times 10^{-32} m^2} = 0.332 \times 10^3 N$$

$$= 332 N$$

La fuerza debe de ser negativa y se contrarresta por la fuerza del otro positrón para que el electrón del neutrón se mantenga en equilibrio. La fuerza de 332 Newton es la razón por la cual el núcleo del helio tres es muy estable. Se puede calcular la fuerza de repulsión entre los electrones de los protones y el neutrón, pero el resultado sería que predomina la fuerza de atracción, así que no la vamos a tomar en cuenta esta fuerza por ahora. La configuración del helio cuatro ${}_{2}^{4}He$ es similar a la del helio tres, pero con un neutrón extra en posición opuesta al primero.

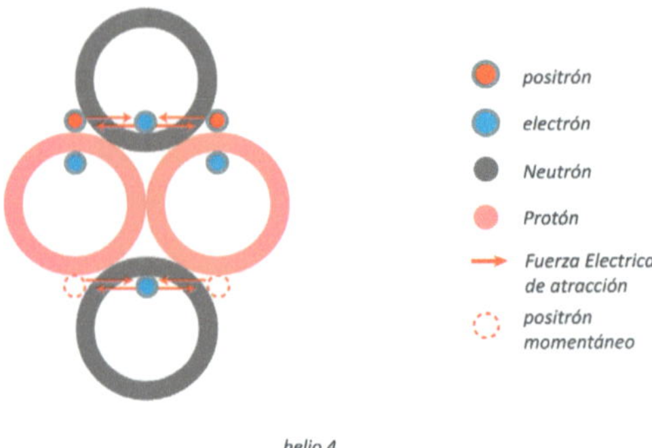

Figura 41.

Los electrones de los neutrones se repelen y esto hace que los neutrones se coloquen a la mayor distancia posible entre ellos. Los dos neutrones están confinados en el núcleo de helio por la fuerza de 332 Newton y pasa lo mismo que con el núcleo del helio tres, la fuerza permite al núcleo del helio cuatro ser también muy estable. Como dijimos anteriormente, el positrón gira tan rápido que los neutrones sienten que siempre los están jalando con la fuerza de 332 Newton.

Los isótopos tres y cuatro del helio son los únicos estables y aunque se puede dar el caso en que el positrón atrape a otro neutrón, el sistema no es estable y casi de inmediato el nuevo núcleo de helio cinco decae a helio cuatro, como se ve en la figura 42.

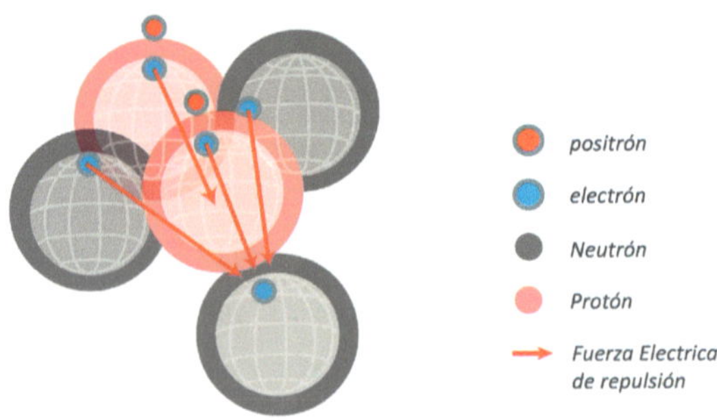

Figura 42.

Podemos calcular el tiempo en el cual el isótopo del helio cinco decae a helio cuatro. En la figura 42 está dibujado cómo las fuerzas de repulsión de los electrones de los protones y los dos electrones de los neutrones actúan sobre el neutrón que el positrón atrajo al núcleo de helio. Vimos en el capítulo anterior que un protón atrae al electrón del neutrón con una fuerza de atracción de 7680 Newton. Aquí estamos hablando de un núcleo de helio por lo que la fuerza de atracción debe ser mayor a la de 7680 Newton porque debemos sumarle la fuerza de atracción que ejerce el otro positrón. Se supone que la fuerza debe ser de mayor magnitud, pero vamos a decir que esa fuerza de 7680 Newton es suficiente para que un nuevo neutrón se sume al núcleo de helio. Los positrones atrajeron al neutrón cuando lo tenían en frente de ellos y lo repelen cuando han realizado medio giro en su trayectoria alrededor del núcleo de helio, esto es cuando tienen nuevamente al neutrón en frente de ellos, pero al otro lado de la órbita. Sabemos que las revoluciones que realiza el positrón por segundo son de 5.7×10^{22} rev/seg. Aplicando una regla de tres simple tenemos:

5.7×10^{22} rev : 1 seg $\therefore$ ½ rev : x seg

$$x = \frac{1\,seg \times \frac{1}{2}\,rev}{5.7 \times 10^{22} rev} = \frac{1}{11.4 \times 10^{22}}\,seg = 0.08 \times 10^{-22} seg$$

Con este resultado vemos que la vida del isótopo $_{\square}^{5}He$ es muy efímera, casi inexistente.

NÚCLEOS DE LITIO Y BERILIO Y EL MAGNETISMO

En capítulos anteriores hemos dicho que el núcleo del helio se comporta como un ladrillo universal, que es una estructura fundamental para formar todos los átomos de los elementos químicos que existen en la naturaleza. Posee una conformación compacta con un campo magnético intenso que permite formar armazones de protones y neutrones donde intervienen campos eléctricos y magnéticos para armar los átomos y además estos ladrillos universales nos ayudan a visualizar en nuestras mentes esas cadenas que representan a los elementos químicos.

El litio es un elemento químico que consta de tres protones y tres electrones y en el modelo estándar lo pintan con tres neutrones como se ve en la figura 43.

Litio 6. modelo clásico

Figura 43.

El litio cuenta con dos isótopos estables el litio seis $_3^6Li$ con tres protones y tres neutrones y el litio siete $_3^7Li$ con tres protones y cuatro neutrones. En la naturaleza se encuentra el litio seis con una presencia del 8 %, pero el más abundante es el litio siete con un 92 %. También encontramos el litio cuatro $^{4}_{\square}Li$, el litio cinco $^{5}_{\square}Li$ y el litio ocho y nueve que son radioisótopos.

Como dijimos al principio, en el modelo dialéctico el litio seis está compuesto por un ladrillo universal y un isótopo de deuterio y el litio siete por un ladrillo universal y un isótopo de tritio formando un esqueleto de tres protones unidos por el campo y la fuerza magnética que producen las cargas eléctricas en su movimiento circular alrededor de los protones como se ve en la figura 44.

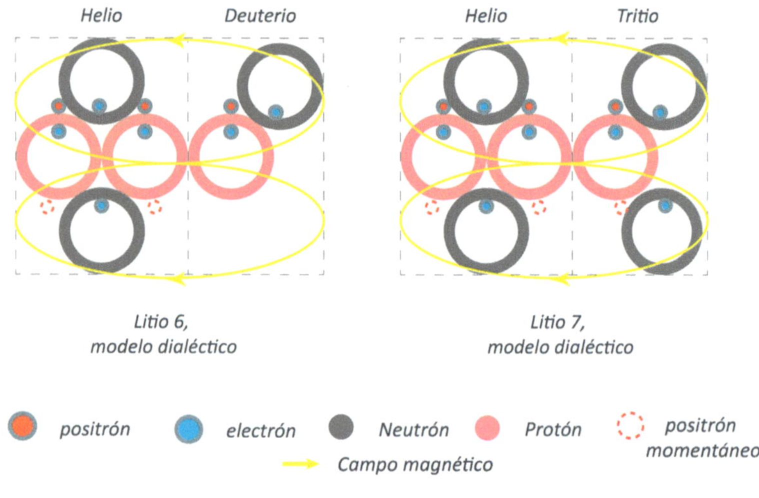

Figura 44.

Si el ladrillo es un Helio dos unido a un deuterio tenemos un Litio cuatro, si el ladrillo es un Helio dos unido a un tritio resulta un Litio cinco como se ve en la figura 44a. Si tenemos un helio cuatro unido a un deuterio se forma el litio seis y si el helio cuatro se une a un tritio conseguimos un litio siete. Hay un caso muy particular cuando el positrón del helio que colinda con el positrón del hidrógeno y atrapan un neutrón de la misma manera como lo hace el helio tres, entonces se forma un litio ocho y si atrapa un segundo neutrón como lo hace el helio cuatro entonces obtenemos un litio nueve. El litio ocho y nueve son inestables y en un tiempo breve se desintegran.

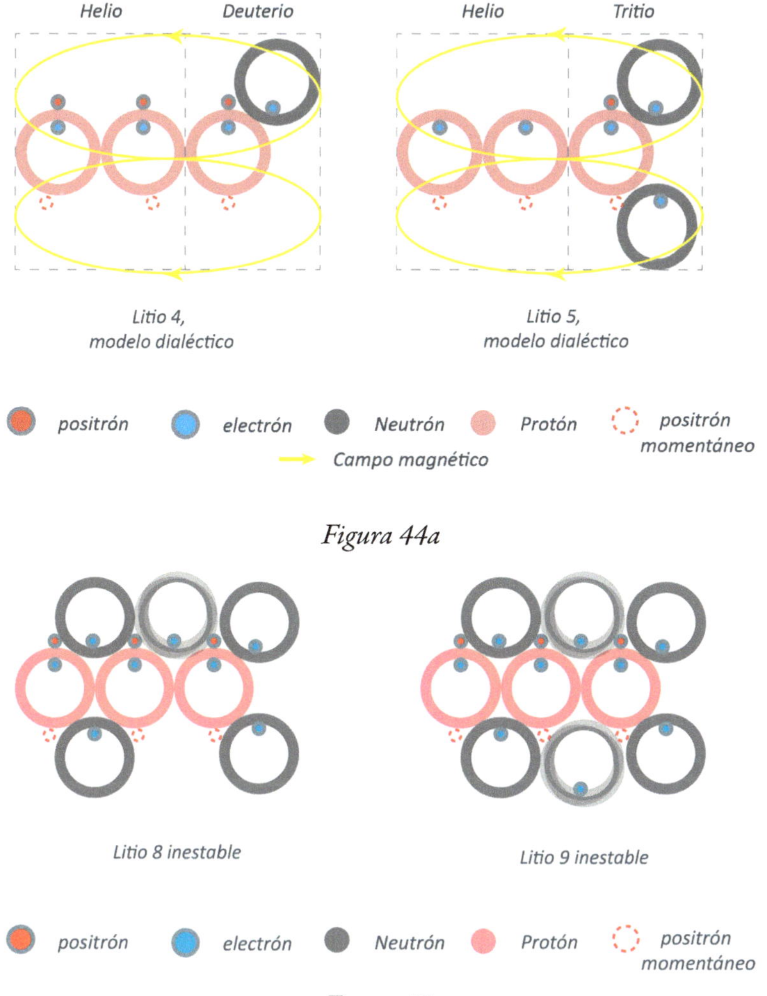

Figura 44a

Figura 45.

El berilio es un elemento químico cuyo símbolo es Be y número atómico 4. El berilio tiene un único isótopo estable, el berilio nueve ^9_4Be. El modelo estándar lo dibuja con cuatro protones y cinco neutrones añadidos como se ve en la figura 46. Lo hemos repetido varias veces, pero es necesario decir que el modelo estándar no nos dice por qué dibuja al berilio de esa manera y ni por qué están allí los neutrones unidos a los protones.

Berilio, modelo estandar

Figura 46.

En cambio, el berilio en el modelo dialéctico lo podemos concebir como la unión de dos ladrillos universales, esto es como añadirle al núcleo del litio un núcleo de hidrógeno más, pero esta configuración no se ajusta a la realidad porque estamos construyendo un berilio ocho que sabemos que es inestable. Tenemos que figurar un berilio nueve porque es el único estable que se encuentra en la naturaleza. La única manera de construir un núcleo de berilio nueve es que un neutrón una a dos helios cuatro. Esta unión la puede realizar un neutrón que se interponga entre los dos helios cuatro porque los positrones jalan al electrón del neutrón interpuesto al centro de este y esto permite que los positrones mantengan una estructura estable y duradera. El neutrón con su electrón centrado no afecta para nada con los otros electrones de los neutrones de los núcleos de helio cuatro como se ve en la figura 47.

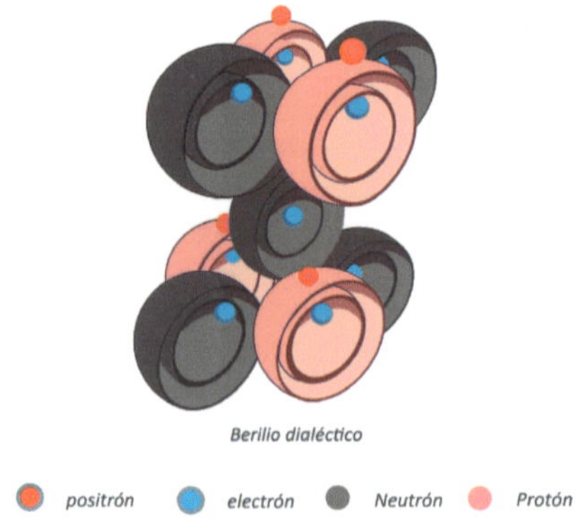

Berilio dialéctico

positrón   electrón   Neutrón   Protón

Figura 47

Para tener una estimación de la magnitud de la fuerza que une a los ladrillos universales vamos a suponer que el electrón del neutrón está en el centro de este y se forma un triángulo rectángulo donde los catetos son los radios del neutrón y el protón y la distancia entre el positrón y el electrón del neutrón es la hipotenusa del triángulo como se puede apreciar en la figura 47a. Aplicando la ley de Coulomb tenemos:

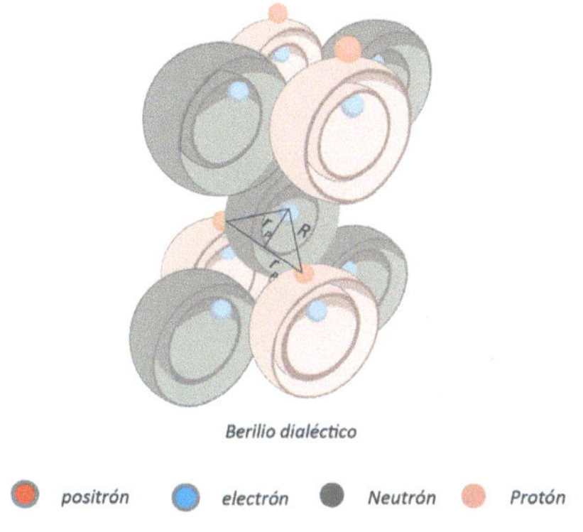

Figura 47a

$F = k\frac{q_1 q_2}{R^2}$ donde k es la constante de Coulomb, q_1 y q_2 las cargas eléctricas y R la distancia entre el positrón y el electrón donde $R = \left(r_p{}^2 + r_p{}^2\right)^{\frac{1}{2}} = \left(2r_p{}^2\right)^{\frac{1}{2}}$. Sustituyendo nos queda:

$$k = 9 \times 10^9 \frac{Nm^2}{Coul^2}$$

$$q_1 = q_2 = 1.6 \times 10^{-19}\, Coul$$

$$F = -\frac{9 \times 10 \times^9 \frac{Nm^2}{Coul^2}\, 1.6 \times 10^{-19} Coul\, 1.6 \times 10^{-19} Coul}{2(8.33 \times 10^{-16}m)^2} = -\frac{23 \times 10^{-29} Nm^2}{138.77 \times 10^{-32} m^2}$$

$$= -0.1660 \times 10^3 N = -166\, Newton$$

Cada uno de los cuatro positrones ejercen una fuerza de atracción de aproximadamente 166 Newton, pero el neutrón aparte de mantener unidos a los dos ladrillos o partículas alfa sirve de soporte donde los ladrillos pueden girar sin afectar para nada la estructura del berilio. En el capítulo de la fuerza nuclear fuerte calculamos el momento angular que tienen los electrones dentro de los protones y obtuvimos el valor de $L = 1.5 \times 10^{-37} \frac{Kgm^2}{seg}$. Este momento les da estabilidad a las partículas alfa, tanto al ladrillo de arriba como al ladrillo de abajo según la figura 47. El neutrón que une a los ladrillos funciona como un pivote que lo único que puede hacer sería variar el campo magnético según si los cuatro positrones se mueven en la misma dirección o si los positrones de un ladrillo están desfasados 180 grados con respecto al otro ladrillo. Si los positrones tienen la misma dirección, como saliendo de la página en la parte superior el campo magnético, se anula dónde está el neutrón, en cambio si en uno de los ladrillos los positrones giran al contrario de los otros dos, el campo magnético se intensifica en la región del neutrón como se ve en la figura 48.

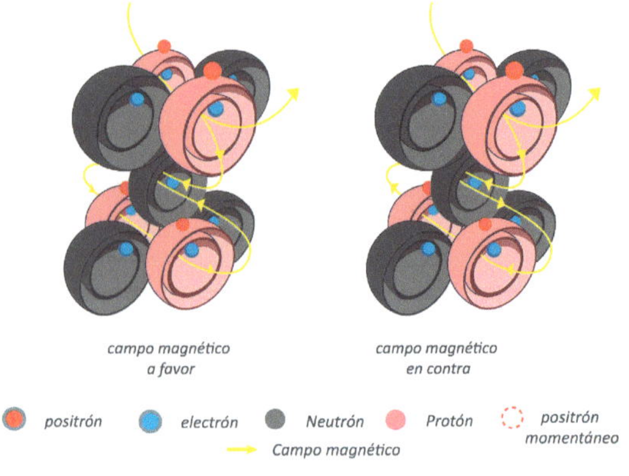

Figura 48.

Los otros isótopos conocidos del berilio son el berilio siete y el berilio 10. El berilio siete se produce cuando el neutrón interpuesto entre los ladrillos une a dos helios tres. Es la misma figura 47 nada más que en vez de dos helios cuatro tenemos dos helios tres. Este isótopo puede durar estable cierto tiempo, siempre y cuando los helios tres no atrapen neutrones y se conviertan en helios cuatro. El berilio 10 es inestable pero prácticamente se puede considerar estable porque tiene una vida media de 2 600 000 años. Esto se debe a que los positrones del ladrillo de arriba y el de abajo cuando atrapan un neutrón queda protegido por los mismos positrones que con sus cargas positivas no permiten que otro positrón se acerque al neutrón atrapado y que por algún motivo lo choca de inmediato lo convierte en protón y lo repelen los otros positrones.

Como estamos viendo en el modelo dialéctico, el neutrón juega un papel protagónico en la formación de átomos. Además de las cadenas helio-hidrógeno o ladrillo-hidrógeno, tenemos las cadenas helio-neutrón-helio. Con ladrillos, neutrones y núcleos de hidrógeno podemos construir todos los elementos químicos de la tabla periódica.

La unión de dos núcleos de hidrógeno mediante fuerzas magnéticas es de mucha importancia porque con ello todos los elementos químicos tienen presente un campo magnético interno de forma natural. No ocupamos de electrones con espines y momentos magnéticos intrínsecos para producirlos como lo plantea el modelo estándar. También hay que tomar en cuenta que estos campos magnéticos de los ladrillos universales se pueden intensificar según sea la orientación del movimiento de los positrones de los ladrillos con respecto a los otros ladrillos, como lo vimos con el núcleo del berilio. Pero también para átomos más pesados la orientación de los ladrillos puede casi anular el efecto de los campos magnéticos, pero en otros puede multiplicar su efecto. De lo anterior se puede entender el porqué de la existencia de materiales magnéticos y no magnéticos en la naturaleza y hasta saber cómo se produce el campo magnético de la Tierra. Ya que estamos hablando sobre los campos magnéticos presentes en los ladrillos universales, vamos a tratar de explicar de otra manera lo que se conoce como el efecto Casimir. El efecto Casimir se da cuando se colocan dos placas metálicas con superficies planas separadas por una distancia pequeña con respecto al tamaño de las placas donde aparece una fuerza de atracción entre ellas. Según el modelo estándar esta fuerza atractiva es consecuencia del vacío cuántico. Las fluctuaciones de vacío del vacío cuántico que ocurren dentro del espacio de las placas solo existen en modos de vibración estacionarios. Es como si colocáramos una guitarra entre las placas y las cuerdas empiezan en una placa y terminaran en la otra, entonces el número de modos del espacio intermedio es menor al número de modos de fluctuación fuera de las placas, esto provoca un desequilibrio de modos vibratorios cuyo efecto es la tendencia a que las placas se junten por la acción de una fuerza de presión externa como se ve en la figura 49.

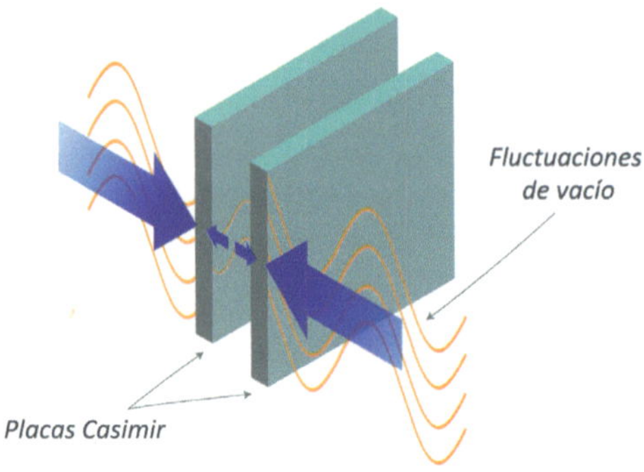

Placas Casimir, modelo standar

Figura 49.

Hay que hacer notar que entre más se junten las placas, más intensa es la fuerza atractiva que se da entre las placas. La explicación del efecto Casimir de acuerdo con el modelo dialéctico es de manera diferente, por ningún motivo se utiliza la energía de vacío o del vacío cuántico para entenderlo, sino del campo magnético que se encuentra en todos los átomos. Los campos eléctricos decaen con el cuadrado de la distancia, pero los campos magnéticos lo hacen solo con la distancia. En un capítulo anterior cuando comparamos las fuerzas magnéticas y eléctricas encontramos que las fuerzas magnéticas son 140 veces más intensas que las eléctricas. Luego, entonces, la fuerza de atracción entre las placas no es por una diferencia de presiones de las fluctuaciones del vacío, sino por la acción de fuerzas magnéticas entre las placas. Para que el lector entienda lo que quiero decir sobre el efecto Casimir, vamos a figurar cómo se encuentran los átomos de las placas metálicas. Si tenemos la placa metálica enfrente de nosotros, en su superficie vemos los protones formando hileras de ellos con los electrones girando a su alrededor, como se ve en la figura 50.

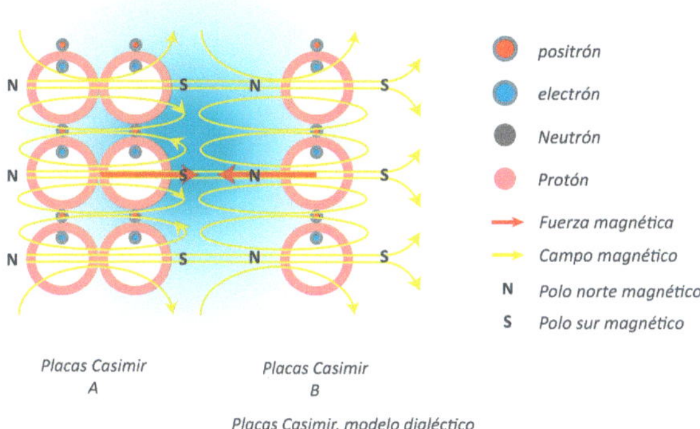

Figura 50.

Como pueden ver, los núcleos con su carga eléctrica positiva y los electrones en sus órbitas están interactuando con los electrones de sus núcleos vecinos. Ustedes se preguntarán ¿qué les da cohesión a los átomos? ¿Qué le da rigidez a la placa metálica? Los electrones de un átomo repelen a los electrones de los átomos vecinos que más bien de mantenerlos cohesionados, hace que tiendan a desperdigarse. No es posible creer, a cómo están colocados los átomos, que las cargas eléctricas sean las responsables de la cohesión entre los átomos y mucho menos de la rigidez de la placa metálica. Debe haber algo más que las fuerzas eléctricas en el corazón de los átomos para que los materiales sean como son y eso solo lo podemos entender incluyendo las fuerzas magnéticas como lo hace el modelo dialéctico. Cuanto más se acerquen las placas más aumenta la fuerza magnética de atracción entre ellas.

LAS MOLÉCULAS

En nuestro mundo, la naturaleza nos muestra una inmensidad de estructuras, desde rocas, tierras, vida, arroyos, mares, atmósfera y hasta estrellas que vemos en las noches obscuras y lo más sorprendente de todo es que lo que vemos y tocamos están hechos de solo cien átomos diferentes. Estos cien elementos químicos naturales forman prácticamente una infinidad de sustancias en la Tierra, en el universo y por supuesto en nuestro cuerpo. La razón por la cual estos átomos forman tantas sustancias es porque no se encuentran solos, siempre se encuentran combinados con otros átomos o con ellos mismos formando diferentes estructuras. Las combinaciones que se dan entre los átomos se conocen con el nombre de moléculas. Hay todo tipo de moléculas, pero de las que nos ocuparemos en este momento son las siguientes como el oxígeno que respiramos y nos da vida y que está compuesto de dos átomos de oxígeno para formar la molécula O_2. También el hidrógeno no se encuentra solo en la naturaleza, se halla como una molécula compuesta de dos átomos de hidrógenos H_2. Lo mismo pasa con el nitrógeno porque está compuesto por una molécula doble N_2. Pero ¿cómo se forma una molécula doble? En el modelo estándar toman como modelo a seguir al átomo de hidrógeno por ser el átomo más simple ya que está compuesto por un único electrón y un protón y dan por hecho que esto ocurre para los otros átomos que presentan un enlace doble. El modelo estándar toma como base el hecho de que todos los sistemas naturales adoptan un estado de mínima energía, así que el átomo de hidrógeno lo pintan con su núcleo positivo en el centro y al electrón como una nube alrededor de este. La forma de esta nube está determinada por la ecuación de Schrodinger que contiene una función de onda de acuerdo con las propiedades que tiene el átomo de hidrógeno. El átomo de hidrógeno por sí sólo tiene que estar en un nivel mínimo de energía llamado estado fundamental, pero si introducimos un segundo átomo de hidrógeno al sistema le empiezan a ocurrir cosas. Si los átomos están distantes, pues los dos átomos están en su estado fundamental y no pasa nada, pero si se están acercando, llega un momento en que las nubes que forman los electrones comienzan a repelerse, pero llega el momento en que el electrón del átomo uno empieza a ser afectado por la carga positiva del protón del átomo dos. De manera similar, el electrón del átomo dos es atraído por la carga positiva del protón uno. Entonces los electrones de los dos átomos son empujados ligeramente hacia los protones. Cuando se acercan lo suficiente las nubes de los electrones empiezan a invadir al espacio que hay entre los átomos como se ve en la figura 51.

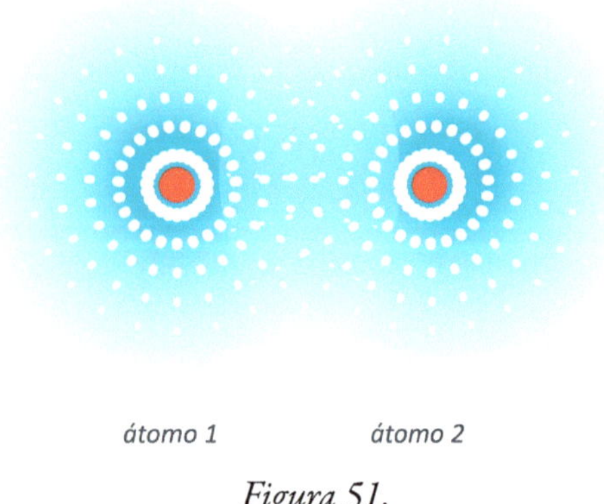

Figura 51.

Aquí es donde el modelo estándar trata de explicar que este par de átomos se encuentra a un nivel de energía más bajo que el estado fundamental de un solo átomo de hidrógeno. Para ello calculan la energía cinética de cada átomo, la energía potencial entre los dos protones, la energía potencial entre los dos electrones y la energía potencial entre cada electrón y cada protón usando el hamiltoniano de la primera parte de la ecuación de Schrodinger y encontrar valores de la suma total de la energía del sistema. Pero resolver la ecuación es muy complicado y mejor prefieren ajustarse a una gráfica donde representan la energía del sistema cuando se van acercando el par de átomos y demostrar que el sistema de dos átomos de hidrógeno cuenta con menor energía que en determinado momento que la que tiene un solo átomo de hidrógeno como se ve en la figura 52.

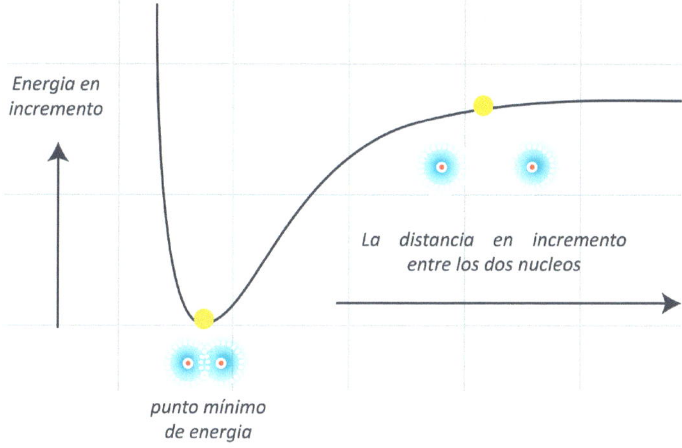

Figura 52.

Este intercambio de dos electrones por dos átomos de hidrógeno se llama enlace covalente. Este procedimiento para unir un par de átomos de hidrógeno, se aplica para la molécula del nitrógeno N_2 y para cualquier otro par de átomos que se encuentra unidos por sí solos. Para que el lector se dé cuenta de que aquí hay gato encerrado vamos a analizar la molécula de la vida, la molécula del agua, la molécula H_2O. Necesitamos saber con qué fuerza está adherido el electrón del átomo de hidrógeno a él y para ello vamos a recurrir a la órbita de Bohr que calculamos en un capítulo anterior y la cual tenía un radio de 5.29×10^{-11} m para n=1. Vamos a usar la ley de Coulomb para ver con qué fuerza el protón del átomo de hidrógeno atrae a su único electrón, donde:

$$k = 9 \times 10^9 \, \frac{Nm^2}{Coul^2}$$

$$q_1 = q_2 = 1.6 \times 10^{-19} Coul$$

$$r = 5.29 \times 10^{-11} \, m$$

Sustituyendo en la ley de Coulomb:

$$F = k\frac{q_1 q_2}{r^2} = -\frac{9 \times 10^9 \frac{Nm^2}{Coul^2} \times 1.6 \times 10^{-19} Coul \times 1.6 \times 10^{-19} Coul}{(5.29 \times 10^{-11}\, m)^2} = -\frac{23.04 \times 10^{-29} Nm^2}{27.98 \times 10^{-22} m^2} =$$

$$-0.8234 \times 10^{-7} N = -8.2 \times 10^{-8}\, N.$$

Esta fuerza de atracción es para la primera órbita del electrón, imagínese la fuerza para órbitas más exteriores del electrón, por lo que, esta fuerza de verdad es muy pequeña, no puede crear una estructura como la que tiene el agua y por lo tanto no cumple con las expectativas de atracción que presentan los materiales que existen en la naturaleza donde pueden presentarse fuerzas intensas entre las moléculas que se ven reflejadas con su dureza extrema que vemos en el tungsteno o en el acero. Se imaginan la fuerza de atracción para un electrón que se encuentra en la segunda órbita, cuando n vale dos, pues el mundo no sería como lo es a nuestro alrededor con unas fuerzas eléctricas tan disminuidas. Para que la de fuerza atracción sea mayor la única solución es considerar una órbita del electrón más cercana al protón y eso solo se puede lograr tomando en cuenta el modelo dialéctico que considera una fuerza magnética de atracción cuando el electrón cruza el flujo magnético que produce el positrón y el electrón del átomo de hidrógeno. Calcular la fuerza magnética es difícil porque no sabemos cómo varía el campo magnético con la distancia al centro del átomo de hidrógeno en la región donde circula el electrón, como está plasmado en la figura 35. Pero no hay duda de la existencia de esta fuerza magnética y que por lo tanto el radio de la órbita del electrón debe de ser menor al radio de Bohr. El radio de la órbita del electrón en este caso depende entonces de su velocidad tangencial a la órbita, de la intensidad del campo magnético en ese punto o distancia, del campo eléctrico y de la fuerza centrípeta que experimenta el electrón cuando se mueve en esa órbita.

La configuración para el átomo de hidrógeno según el modelo dialéctico permite dos maneras para atrapar electrones en su contorno; la primera por la acción del campo eléctrico y el campo magnético que mantiene al electrón circulando en el plano que forman el positrón y su electrón de amarre y la otra por la acción del campo magnético presente en el eje de rotación del par positrón-electrón como se ve en la figura 53.

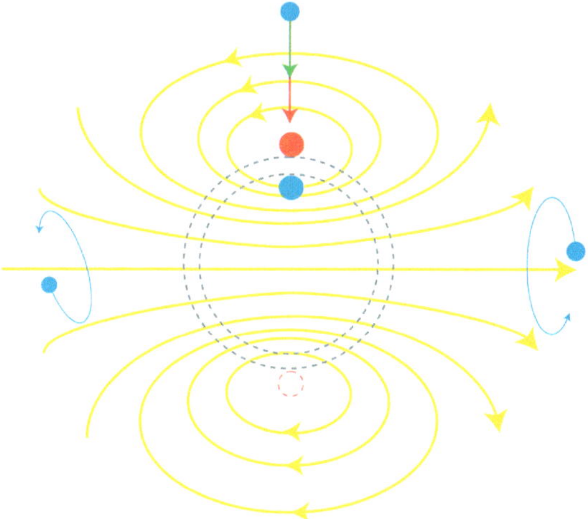

tres electrones atrapados por el campo magnético

Figura 53.

Para mi punto de vista, el electrón mejor posicionado para formar una molécula compacta de agua es el que está en el plano del par positrón-electrón como lo muestra la figura 53 donde actúan las tres fuerzas mencionadas sobre el electrón y no los electrones que están en el eje que figura el movimiento circulatorio del positrón-electrón. Lo mismo debe de ocurrir en un átomo de oxígeno o en cualquier otro átomo donde debemos tomar en cuenta la acción del campo magnético sobre los electrones que se mueven en él. Por lo tanto, si las órbitas son más cercanas a los núcleos, mayor es la fuerza eléctrica de amarre entre las moléculas.

EL VACÍO

Desde los tiempos de los griegos se trató el problema del vacío. Aristóteles aseguraba que era imposible obtener un vacío porque al instante en que se trataba de hacerlo era de inmediato reemplazado por el material que se hallaba a su alrededor. Ya hablamos de que las ideas de Aristóteles dominaron por casi dos mil años, pero en los tiempos medievales se empezó a pensar que se podía producir un vacío momentáneo. Era un experimento mental y práctico, el cual consistía en colocar dos placas metálicas imaginarias cara a cara y si en determinado momento se les aplicaba una fuerza para separarlas, se podía construir un vacío por un tiempo pequeño donde estaban juntas las placas, mientras que tardaba el aire circundante en invadirlo. Pero ¿qué es el vacío? El vacío es la ausencia total de materia en un determinado espacio o lugar o la falta de contenido en el interior de un recipiente. En el siglo XVII el físico y matemático Evangelista Torricelli produjo un vacío parcial con su barómetro de mercurio el cual consistía en un tubo alargado y cerrado por uno de sus extremos, al cual llenó de mercurio y al invertirlo producía un vacío parcial en el extremo cerrado del tubo.

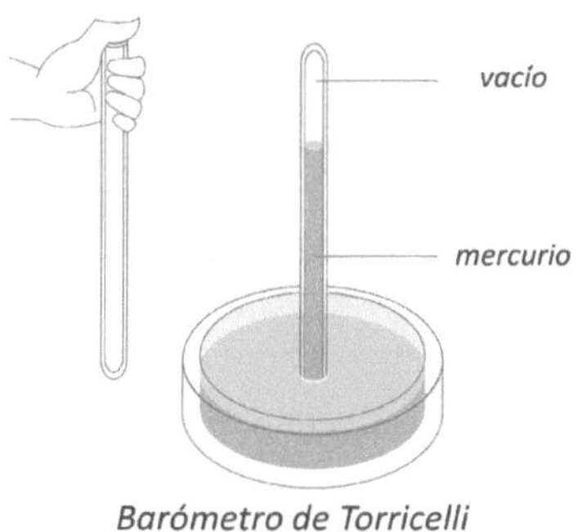

Barómetro de Torricelli

Figura 54.

Producir un vacío total es una tarea casi imposible porque si un espacio o lugar estaba lleno de algo y quitarlo, ahora está lleno de algo más. Por ejemplo, si tenemos un recipiente lleno de agua y lo vaciamos, podemos decir que está vacío, pero aparece una sorpresa porque ahora el recipiente está lleno de aire en donde hay cuando menos unos mil trillones de moléculas de aire en el recipiente. En la actualidad se cuenta con bombas de vacío, las cuales se utilizan para succionar el aire que tiene un recipiente cerrado. En los laboratorios cuando se usan bombas de vacío se pueden crear vacíos, pero no absolutos, son vacíos parciales porque por más que succionen las bombas a los recipientes aún les quedan residuos de aire donde podemos encontrar miles de millones de partículas por metro cúbico dentro del recipiente. Para obtener un vacío más perfecto, necesitamos huir de la atmósfera terrestre y adentrarnos en el espacio que existe entre los planetas, donde podemos encontrar un vacío parcial de por lo menos de unas decenas de millones de partículas por metro cúbico. En el espacio sideral es donde podemos encontrar un vacío casi absoluto porque el espacio que media entre las galaxias solo se puede encontrar un protón por metro cúbico. Algo interesante sucede por el hecho de encontrar un protón por metro cúbico en el espacio sideral cuando tratamos de medir la temperatura en este espacio. La temperatura mide la agitación de las partículas o los choques que ocurren entre ellas cuando son expuestas al calor, pero en el espacio intergaláctico no hay más que una partícula por metro cúbico, así que en esta situación se pierde el sentido o la noción de la temperatura sencillamente porque no se puede medir ningún choque de partículas. En el espacio intergaláctico el calor se propaga mediante la luz o por otras longitudes de onda del espectro electromagnético.

Hagamos un giro de ciento ochenta grados y vámonos desde el espacio sideral al espacio del átomo. La pregunta obligada es ¿hay vacío dentro del átomo? Analicemos al átomo de hidrógeno que según el modelo estándar solo cuenta con un protón y un electrón y de acuerdo con el modelo atómico de Bohr el electrón se encuentra alejado a una distancia de 5.29×10^{-11} m respecto al protón que tiene un radio de

$8.33 \times 10^{-16} \, m$. Si dividimos el radio de la órbita de Bohr en la cual se mueve el electrón por el radio del protón nos da lo siguiente:

$$\frac{5.29 \times 10^{-11} \, m}{8.33 \times 10^{-16} m} = 0.635 \times 10^{-11} \times 10^{16} \approx 0.6 \times 10^{5} \approx 60\,000$$

Lo anterior es para la primera órbita del electrón en el átomo de Bohr, pero según el modelo el electrón tiene más órbitas así que en promedio el espacio entre el electrón y el protón es de 100 000 radios del protón. Pareciera que hay un abismo entre el protón y el electrón. El lector se preguntará ¿es un vacío absoluto entre el espacio existente entre el protón y el electrón? Para el modelo estándar pues sí lo es, no hay nada de materia entre el protón y el electrón y por lo tanto se debe considerar que sí lo es. Esto es una paradoja porque no encontramos ningún punto en la Tierra, ni en el sistema solar y ni en el universo donde haya un vacío absoluto, pero resulta que el universo está compuesto por el vacío absoluto que hay dentro de los átomos. Del dato que obtuvimos anteriormente podemos afirmar que el modelo atómico de Bohr es un átomo compuesto de vacío. Esto está bastante confuso porque de inmediato uno se pregunta ¿hay más vacío que materia en la materia? Todo parece indicar que sí, bueno, según el modelo estándar. Lo bueno de todo esto es que esto se va a poner peor, porque según la física moderna el vacío es un vacío cuántico. El vacío cuántico es un lugar o una porción del espacio donde aparecen y desaparecen continuamente partículas virtuales. Estas partículas virtuales tienen un tiempo de existencia tan pequeño que es imposible detectarlas y solo las detectamos dizque por sus efectos. Y así, sin detectarlas les adjudican una serie de propiedades que son como arte de magia, como lo es el aparecer y desaparecer, por ser las responsables de que dos cargas eléctricas o dos polos magnéticos se repelen o se atraigan y lo más inverosímil es que esas partículas virtuales obtengan energía de la nada. Para justificar estas propiedades de las partículas virtuales, los físicos cuánticos se basan en el principio de incertidumbre de Heisenberg que postula $\Delta x \Delta p \geq \frac{h}{4\pi}$ y $\Delta E \Delta t \geq \frac{h}{4\pi}$. Y para mi forma de ver las cosas estos postulados, ahora sí que son una incertidumbre, quieren tirar por la borda el determinismo de la naturaleza, el principio de casualidad y para muestra basta un botón. Apliquemos el principio de incertidumbre al modelo atómico de Bohr para cuando el electrón está en la órbita n=1. El momento angular está dado por la formula $mvr=\frac{h}{2\pi}$ por lo tanto:

$v = \dfrac{h}{2\pi mr}$ donde h es la constante de Planck igual a 6.62×10^{-34} joule·seg, m la masa del electrón igual a $9.1 \times 10^{-31}\,Kg$ y r el radio de la órbita del electrón para n = 1 cuyo valor es $5.29 \times 10^{-11}m$. Sustituyendo tenemos:

$$v = \frac{6.62 \times 10^{-34} Joule \cdot m}{2 \times 3.1416 \times 9.1 \times 10^{-31} Kg \times 5.29 \times 10^{-11} m} = \frac{6.62 \times 10^{-34} Joule \cdot m}{302.46 \times 10^{-42} Kg \cdot m}$$

$$= 0.0218 \times 10^{8} \frac{m}{seg} = 2.18 \times 10^{6} \frac{m}{seg}$$

El momento para el electrón está dado por p = mv por lo tanto:

p = $9.1 \times 10^{-31}\,Kg \times 2.18 \times 10^{6}$ m/seg = $19.83 \times 10^{-25}\,Kg$ m/seg = $20 \times 10^{-25}\,Kg$ m/seg = $2 \times 10^{-24}\,Kg$ m/seg

Vamos a darle una incertidumbre del diez por ciento al momento. Esto es una décima parte de su valor, tenemos que:

$\Delta p = \dfrac{2 \times 10^{-24} Kg \frac{m}{seg}}{10} = 2 \times 10^{-25} Kg \frac{m}{seg}$. Calculemos ahora la incertidumbre para el radio de Bohr $\Delta x \Delta p \geq \frac{h}{4\pi}$ por lo tanto

$$\Delta x = \frac{h}{4\pi \Delta p} = \frac{6.62 \times 10^{-34} Joule \cdot m}{4 \times 3.1416 \times 2 \times 10^{-25} Kg \frac{m}{seg}} = \frac{6.62 \times 10^{-34} Joule \cdot m}{25.13 \times 10^{-25} Kg \frac{m}{seg}} = 0.263 \times 10^{-9} m$$

$\Delta x = 26.3 \times 10^{-11}\,m$. Si dividimos la incertidumbre del electrón por el radio de Bohr, tenemos:

$\dfrac{\Delta x}{r} = \dfrac{26.3 \times 10^{-11} m}{5.29 \times 10^{-11} m} = 4.97 \approx 5$. Se imaginan que la incertidumbre equivale a cinco veces el radio de Bohr. Aunque se utilice la ecuación de Schrodinger para hallar la probabilidad de donde se encuentra el electrón en la nube de posibilidades alrededor del núcleo, el dato anterior nos indica que vamos a encontrar al electrón cinco veces más allá del radio de Bohr y esto significa más inestabilidad en la formación de moléculas, muy contrario a lo que hemos venido sosteniendo que debemos tomar en cuenta el campo magnético para reducir el tamaño del radio de Bohr para que exista una mayor cohesión de la materia al formarse las moléculas. Todo indica, pues, que el principio de incertidumbre de Heisenberg nos lleva a conjeturas fuera de la realidad con respecto al átomo. Ahora analicemos la segunda ecuación del principio de incertidumbre que reza $\Delta E \Delta t \cong \frac{h}{4\pi}$. Para los físicos cuánticos esta ecuación significa la construcción o la existencia de dos mundos o dos universos paralelos. Si el producto $\Delta E \Delta t$ es mayor a la constante de Planck, están hablando del mundo real, del universo que nos rodea y en el que vivimos, pero si el producto $\Delta E \Delta t$ es menor a la constante de Planck indica la existencia de un mundo virtual, un universo surgido del vacío cuántico donde los físicos cuánticos aseveran que las partículas virtuales aparecen por robar u obtener su energía de la nada. Llegan los físicos a tal grado que proponen de manera arbitraria que la expansión del universo se debe a la energía del vacío.

En el modelo dialéctico se tiene otro concepto diferente respecto al vacío. De la definición de vacío que significa la ausencia total de materia en un determinado lugar o espacio o la falta de contenido en el interior de un recipiente se puede formular la siguiente pregunta: ¿De verdad existe el vacío? En el modelo dialéctico no existe el vacío, no se halla en ninguna parte del universo sideral y mucho menos en el interior de los átomos por las siguientes razones que ponemos a su consideración. De la definición de vacío se ve que no hay ninguna ausencia total de materia en el universo por la simple razón de que la gravedad es una extensión de esta y se encuentra por doquier. El espacio está invadido por la gravedad, no podemos decir que en este punto hay ausencia de gravedad, aunque se diga, por ejemplo, que en la estación espacial la gravedad es cero, pues esto no es cierto porque la Tierra y la estación espacial están en la influencia de la gravedad del Sol y de la galaxia y de las demás galaxias y no se diga de la galaxia Andrómeda que está influenciando y atrayendo a nuestra galaxia. No es difícil entender que el campo gravitacional se manifiesta por todo el universo y que no podemos escabullirnos de él. En cualquier dirección que veamos el universo nos topamos con objetos que tienen masa y por lo tanto nos topamos con la fuerza de la gravedad, en ciertos lugares muy intensa y en otra débil, pero no la podemos ignorar. Así como los físicos aceptan sin ningún reparo la existencia del campo de Higgs en todo el universo, campo que su existencia es muy cuestionable, así debemos aceptar que el universo tiene como su armazón a la fuerza de la gravedad. A nivel del átomo tenemos que el protón como el electrón tienen masa y por lo tanto hay un campo gravitacional actuando dentro de él. Muchos dirán que es muy débil y que no debemos tomarlo en cuenta, malamente tal posición, no se puede ignorar su existencia por muy pequeña que sea su magnitud. Lo mismo sucede entre las moléculas y en todo lo atómico. El campo gravitacional está dentro de todas las estructuras atómicas y todas estas estructuras atómicas también están influenciadas por la gravedad terrestre, lunar, solar y por todo el universo.

No puedo entender que a nivel mundial se excluya al campo gravitacional como componente de la estructura de la naturaleza. Podemos por último resumir y recalcar que el vacío no existe como tal, porque existe la gravedad, porque la gravedad es una prolongación de la masa y por lo tanto no puede existir el vacío cuántico por la sencilla razón de que está presente la gravedad en todo lugar del universo y por consecuencia no existe tampoco la energía de vacío en ningún punto del universo, lo que sí puede existir es la energía gravitacional. Este tema lo vamos a tratar posteriormente cuando hablemos de la negación de la negación.

LA MATERIA OBSCURA

En 1879 William Crooker hizo experimentos usando tubos de descarga. Pronto los científicos contemporáneos de Crooker empezaron a utilizarlos en diversos experimentos. Los tubos de descarga son un dispositivo compuesto por un tubo cerrado al vacío y con dos placas metálicas a las cuales se les aplican una diferencia de potencial de varios miles de voltios, como lo dijimos en un capítulo anterior. Crooker descubrió que cuando se aplica dicho voltaje, se ve que de la placa negativa o cátodo surge un haz de partículas que se dirigen a la placa positiva o ánodo. Estas partículas tienen masa porque si colocamos en su trayectoria un dispositivo con aspas, este empieza a girar a consecuencia de los golpes que recibe por dichas partículas. Estas partículas con carga negativa se desprenden del cátodo y luego son repelidas por este y después atraídas por el ánodo, motivo por el cual se les llamó rayos catódicos a dichas partículas. Ahora, si al tubo de descarga se llena con gas neón, entonces se ve que del cátodo surge una luminiscencia rojiza que se dirige al ánodo. Si al tubo lo llenamos con sodio o con mercurio se ve el mismo efecto, pero con colores distintos. Si a estos rayos luminosos los hacemos pasar por un triángulo de refracción y a cada rayo de luz lo hacemos incidir en una placa fotográfica se ve que esta luz está compuesta por una serie de líneas de diferentes colores asociadas a una longitud de onda bien definidas. A este registro gráfico se le denomina espectro. Los espectros son asociados indisolublemente a cada elemento químico. Esta propiedad que tiene cada elemento químico de presentar un espectro único se aprovecha para saber qué elementos tiene una estrella cuando vemos los espectros que recibimos por medio de su luz.

Figura 55.

Hoy en día los científicos cuentan con telescopios poderosos y con una avanzada tecnología para escudriñar las estrellas, las galaxias y el universo. El uso de estos aparatos modernos nos da la oportunidad de recolectar la luz que nos envían estrellas lejanas y al identificar los espectros que se reciben con los obtenidos en los tubos de descarga se observa que estos espectros pueden estar recorridos al rojo o al azul del espectro electromagnético. El corrimiento al rojo o al azul es consecuencia del efecto Doppler. El lector debe saber en qué consiste el efecto Doppler para comprender lo que viene a continuación. El efecto Doppler nos dice que las ondas nos llegan más comprimidas o juntas si la fuente que las produce se acerca a nosotros y más enrarecidas o alargadas si la fuente que las produce se aleja de nosotros. Puedo asegurar que todos nosotros hemos experimentado y constatado el efecto Doppler cuando una fuente de sonido, como lo es una ambulancia o tren se acerca a nosotros porque percibimos el sonido más intenso y ya que nos pasa y se aleja oímos el sonido más grave que cuando se acercaba.

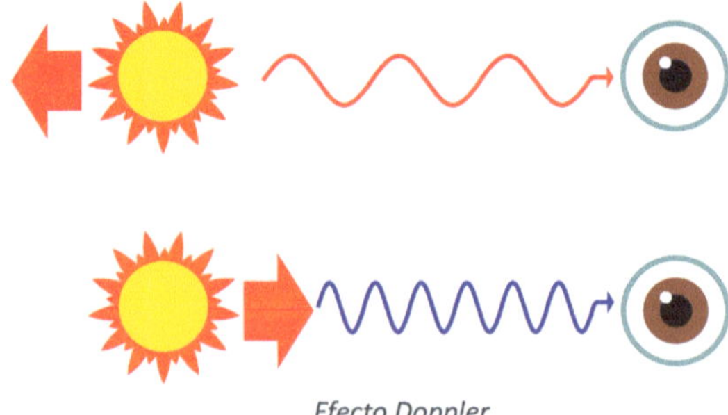

Efecto Doppler

Figura 56.

Con la luz pasa lo mismo, nomás que a la luz no la oímos, sino que la vemos. La luz la podemos ver directamente o haciéndola pasar por un triángulo refractario para tener más información sobre ella, como lo dijimos hace un rato y así al tener una fotografía de su espectro y al revisar dichos espectros obtenidos de los elementos químicos que contiene la estrella, entonces los comparamos con los que tenemos en los laboratorios y es cuando podemos saber si están recorridos al rojo o al azul los espectros. Por ejemplo, si el espectro del sodio está más cerca al color azul quiere decir que la estrella se acerca a nosotros y si está recorrido al rojo nos indica que la estrella se aleja de nosotros. Hay que hacer notar que el espectro electromagnético tiene un rango muy grande ya que varía desde las ondas de radio hasta el infrarrojo de la luz visible, la luz visible y desde los rayos ultravioletas hasta los rayos gamma. Hay que recordar que el espectro visible de la luz lo constituyen los siete colores del arco iris.

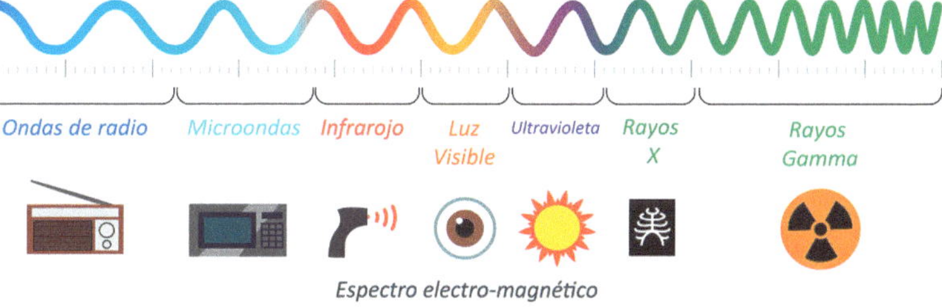

Figura 57.

La teoría de la relatividad general propuesta por Albert Einstein predice que los cuerpos masivos curvan el espacio que los rodea. Esto quiere decir que un cuerpo masivo como lo es una estrella al curvar el espacio crea como una olla gigante donde caen todos los cuerpos que la rodean.

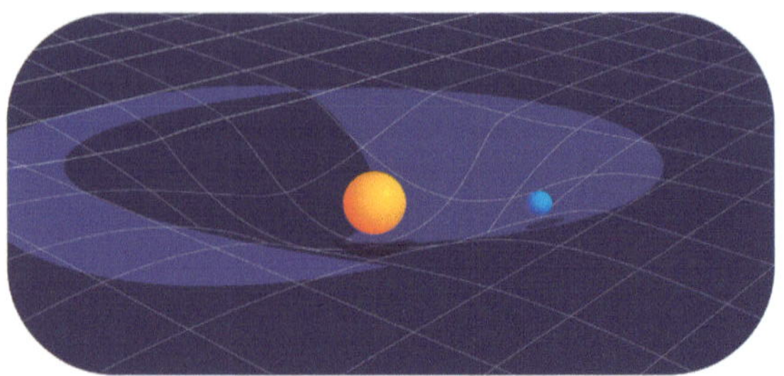

Curvatura del espacio por efecto de la masa

Figura 58.

Einstein aseguró que la luz también debía caer en la curvatura espacial producida por un cuerpo masivo. Por lo que, el astrónomo Sir Frank Watson Dyson se dio a la tarea de demostrar que la luz sí podía ser afectada por la gravedad de los cuerpos masivos. El 29 de mayo de 1919 en un eclipse solar tomó fotografías de las estrellas que se encontraban atrás del Sol antes y durante el eclipse solar y demostró que efectivamente los rayos de luz provenientes de las estrellas eran desviados por la gravedad del Sol y de la Luna. Las placas de las fotografías tomadas en el eclipse mostraban a las estrellas en diferentes posiciones a cómo estaban antes del eclipse y con ello confirmó que la luz es afectada por la gravedad, dándole un espaldarazo a la teoría de la relatividad general de Einstein.

Eclipse solar

Figura 59.

El trabajo de Watson nos demostró experimentalmente que la cantidad de masa de un cuerpo sí afecta los recorridos de la luz. Tan es así que este fenómeno masa-luz nos puede explicar de una manera diferente la refracción de la luz. La luz cuando pasa por un triángulo de refracción recorre diferentes distancias, por lo que recorre menor o mayor cantidad de masa en su trayectoria y a mayor masa da como resultado una mayor desviación del rayo de luz. Esto es muy importante para comprender en qué consiste la materia obscura que los físicos y astrónomos aseguran que se encuentra en las galaxias. Así que entremos de lleno al tema de la materia obscura. Los astrónomos por años han estado estudiando el comportamiento de las estrellas en las galaxias y han descubierto que las estrellas externas se mueven a la misma velocidad a como lo hacen las estrellas que se encuentran girando más al centro de la galaxia. Si hacemos una analogía con nuestro sistema solar, sucedería que los planetas irían aumentando su velocidad de traslación entre más lejanos se encuentren del Sol. En realidad, esto no pasa en nuestro sistema solar, ya que Mercurio, el planeta más cercano al Sol, se traslada más rápido alrededor del Sol que Júpiter y Júpiter se mueve más rápido que Neptuno. Neptuno es el planeta más lento del sistema solar. Aparentemente esto no está pasando con las estrellas que están al borde de las galaxias como lo expusimos antes. Los científicos al no hallar una explicación del porqué de este fenómeno han propuesto que las galaxias están embutidas en algo como una nube de materia obscura. Según los físicos y astrónomos la materia obscura no refleja la luz y por lo tanto no se puede detectar. Lo único que se puede detectar de la materia obscura son sus efectos que provoca al acelerar las estrellas de la periferia de las galaxias. Según los científicos, calculan que para que las estrellas adquieran esa magnitud en su velocidad de traslación es porque la galaxia está sumergida en una nube de materia obscura equivalente a cinco o seis veces la masa de la galaxia. Es tanta la materia obscura presente en las galaxias que sumándola equivale al 28 % de toda la materia del universo dándole tan solo un 5 % a la materia real existente en la naturaleza. Pero ¿cómo se sabe que esto está pasando? Tenemos solo unos cien años viendo las galaxias y sus estrellas y en cien años, pues, podemos decir que equivale al tiempo de un parpadeo y que el universo está prácticamente estático y por lo tanto no hemos podido percibir movimientos extraordinarios que hayan ocurrido en las estrellas de las galaxias. Es más, las constelaciones que miraban los griegos y los romanos hace dos mil años o más atrás son prácticamente las mismas que vemos hoy en día, sin ninguna variante prominente. Para conocer el movimiento de las estrellas los físicos y astrónomos utilizan otros recursos como es el uso del efecto Doppler. Para ello, hacen pasar por un prisma de refracción la luz que nos envían las estrellas externas de una galaxia y con los espectros obtenidos se calcula de qué tamaño es el corrimiento al rojo o al azul. Si el corrimiento al rojo del espectro de un elemento químico es muy pronunciado significa que la estrella se aleja a gran velocidad de nosotros. Luego hacen el mismo procedimiento para las estrellas que se encuentran cercanas al centro de la galaxia y comparan los espectros recibidos y así determinan a qué velocidad se mueven las estrellas de la periferia y del centro de la galaxia. El veredicto siempre es el mismo, las estrellas en la periferia se mueven más rápido o igual que las estrellas internas a la galaxia. ¿Es esto posible? ¿Cómo podemos saber si esto ocurre en realidad? Hay algo que no cuadra en esto de la materia obscura porque no sabemos de dónde surge o desde cuando está presente en las galaxias o si es una consecuencia del Big Bang, pero lo bueno es que podemos comprobar si existe o no existe esta materia obscura por el hecho de que nosotros y nuestro sistema solar se encuentra en la parte externa de la Vía Láctea. Este privilegio posicional en la galaxia nos permite examinar de manera directa si los efectos de la potente materia obscura existen. De acuerdo con lo que los físicos y astrónomos dicen, dicha materia obscura sería el equivalente a cinco o seis galaxias encerradas en la nuestra y con una densidad mayor de materia obscura en la parte externa de la galaxia que en el centro de esta. Por lo tanto, dicha materia obscura estaría afectando el movimiento de nuestros planetas. Si la materia obscura existe, así como nos la describen los físicos y astrónomos, pues ya los planetas más externos al Sol se estuvieran moviendo a la misma velocidad que la Tierra alrededor del Sol o por lo menos se estarían acelerando. Por supuesto que esto no está sucediendo ni en nuestro sistema solar y mucho menos en las estrellas cercanas a nosotros. No creo que nuestra galaxia sea la excepción a la regla de la materia obscura. Lo cierto es que no hay indicios de materia obscura en nuestro sistema solar que esté modificando la velocidad de rotación o de traslación de nuestros planetas. Griegos, romanos, asiáticos, mayas e incas han observado el cielo nocturno por milenios y el movimiento planetario desde siempre y hasta la fecha de hoy no se ha detectado ningún vestigio de alteración de las órbitas planetarias que sean profundas o notorias. Por consiguiente, debe haber otra manera de explicar lo que sucede con las estrellas aceleradas en las galaxias sin el uso de conceptos abstractos o imaginarios como es la materia obscura. ¿De qué otra forma se puede entender que la luz proveniente de las estrellas que están fuera del centro de la galaxia se esté recorriendo al rojo del espectro visible? Hay otra manera de resolver este problema del corrimiento al rojo y para ello vamos a recurrir a lo que hablamos en el capítulo anterior, donde dimos por asentado que el vacío no existe como tal. Desde la escuela secundaria nos han dicho que la velocidad de la luz es de trescientos mil kilómetros por segundo en el vacío, pero si el vacío no existe, entonces ¿cómo y dónde se mueve la luz? La única respuesta es que la luz se mueve en las líneas de fuerza del campo gravitacional. Así como representamos los campos eléctricos y magnéticos por medio de líneas de fuerza, así lo debemos hacer con el campo gravitacional. Ya hablamos de que hay dos tipos de masas, la masa inercial y la masa radiante, donde las masas iguales se atraen y las masas diferentes se repelen. El universo está prácticamente compuesto de masa inercial, ya que por cada electrón de masa radiante hay un protón donde encontramos una masa inercial equivalente a dos mil veces la masa radiante del electrón. Se sabe que la luz o las ondas electromagnéticas no tienen masa, pero sí son desviadas de su trayectoria por los cuerpos masivos como lo demostró Sir Frank Watson Dyson en el eclipse solar de 1919. La luz se desvía de su trayectoria, porque sigue las líneas de fuerza del campo gravitacional y no porque sea atraída por los cuerpos masivos. La situación más extrema ocurre en los agujeros negros donde la luz es atrapada y no puede salir. El agujero negro equivale a un polo gravitacional donde las líneas de fuerza gravitacionales concurren y no dan opción de escape a la luz. Vamos a detenernos en este punto para analizar cómo los campos eléctricos y magnéticos de las ondas electromagnéticas y los campos gravitacionales no pueden existir uno sin el otro. Sin el campo gravitacional la luz no se propaga y sin campos eléctricos y magnéticos no puede haber luz, estos campos son la esencia de la luz y sin estos campos electromagnéticos no podría haber existido la masa inercial. Es una unidad y lucha de contrarios como lo propone la primera ley de la dialéctica. Estos tres campos son fundamentales para que exista el universo que conocemos. Con estos datos podemos asegurar que el universo se rige con solo tres fuerzas: la fuerza eléctrica, la fuerza magnética y la fuerza gravitacional. La fuerza nuclear fuerte y débil que proponen los físicos no son necesarias o ficticias y no se ocupan para concebir el universo. Volvamos a nuestro tema, sobre la materia obscura. Las galaxias están compuestas principalmente de estrellas, polvo cósmico, de agujeros negros y cuando menos de un agüero negro súper masivo en su centro. Nada más nuestra casa, la vía Láctea, cuenta entre cien mil y cuatrocientos mil millones de estrellas y además de sus agujeros negros. Nuestra galaxia es una galaxia espiral con dos brazos que se unen en sus extremos de forma alargada y angosta en su centro galáctico. Las líneas de fuerza gravitacional se concentran en su centro galáctico y se van espaciando si nos vamos alejando de su centro como se ve en la figura 60.

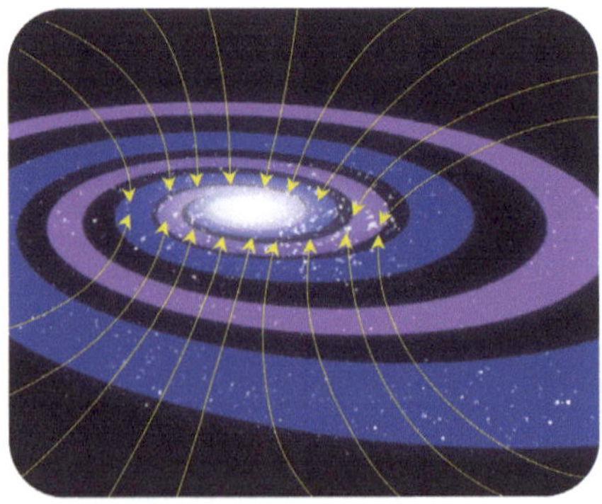

Una galaxia con sus lineas de fuerza de campo gravitacional

Figura 60.

La masa inercial atrae a la masa inercial y es la que impera en el universo. En la figura 60 las líneas del campo gravitacional se extienden en todas direcciones y se puede decir que terminan en nuestras galaxias vecinas. Nuestra galaxia pertenece a un grupo de cincuenta y dos galaxias y la galaxia Andrómeda es la más cercana a nosotros. En la Vía Láctea las líneas de fuerza gravitacional se concentran al centro de la galaxia y se van diluyendo al ir aumentando la distancia al centro de esta. Los astrónomos estudian las estrellas distantes al centro de la galaxia porque son las que no son tan afectadas por la luz que radian la inmensa cantidad de estrellas que se encuentran en el centro de esta. Imaginen un rayo de luz que abandona la estrella en estudio, de acuerdo con nuestra teoría el rayo de luz tiene que seguir una línea gravitacional de salida y esta línea está curvada hacia el centro de la galaxia formando una trayectoria parabólica hacia nosotros debido a la acción gravitacional del centro de la galaxia donde están millones de estrellas, agujeros negros y el súper masivo agujero negro. Si nuestro Sol tiene la capacidad de modificar la trayectoria de la luz según el experimento de Watson, es lógico suponer entonces que también lo hace el centro de nuestra galaxia que es mucho más masivo que nuestro Sol. Por lo tanto, es fácil entender que la luz proveniente de una estrella periférica de la galaxia hará un recorrido mayor que la luz que nos llega del centro de la galaxia. Este recorrido extra de la luz de la estrella en estudio se refleja en la longitud de onda que captamos en la tierra mostrando un corrimiento al rojo en el espectro visible. Luego, entonces, el corrimiento al rojo de los espectros de los elementos químicos captados en los telescopios no es por la materia obscura sino por consecuencia de la fuerza de la gravedad que tiene la facultad de modificar la trayectoria de la luz. Los físicos y astrónomos hablan de que la materia obscura equivale al 28 % de la materia del universo, pero ¿por qué? Es que los físicos conciben al universo como un sistema cerrado que contiene tan solo un 5 % de materia real visible y con esa cantidad de materia real es imposible que el universo se contraiga y se produzca un nuevo Big Bang. Como lo anteriormente anunciado contradice la teoría del Big Bang, por lo tanto, tratan a toda costa de hallar materia de donde sea para justificar la teoría del Big Bang. Sino tomen en cuenta lo que los físicos aseguran de que hay cinco o seis veces más de materia obscura que materia real en cada galaxia. Por lo tanto, si la galaxia tiene un 5 % de materia real y existen cinco o seis galaxias de materia obscura dentro de ella al multiplicar 5 % por cinco y cacho obtenemos el 28 % de materia de la que hablan físicos y astrónomos.

LA ENERGÍA OBSCURA

A principios del siglo pasado la única galaxia que se conocía era la nuestra, la Vía Láctea. No se sabía de la existencia de ninguna otra. Pero en 1924 Edwin Hubble dio a conocer a todo el mundo que nuestra galaxia no era la única galaxia existente en el universo. Hubble encontró una infinidad de galaxias en todas las direcciones en que enfocaba el telescopio. Encontró galaxias de diferentes formas y tamaños, desde galaxias espirales, elípticas lenticulares y hasta galaxias irregulares. Además, tomó fotografías de la luz emitida por las estrellas de las galaxias y descubrió que los espectros de los elementos químicos que detectó en esas estrellas tenían un corrimiento al rojo. Hizo diferentes tomas fotográficas de los espectros y el resultado siempre era el mismo, predominaba el corrimiento al rojo en los espectros fotografiados, sin importar en qué dirección se hicieran estas tomas de luz. Ante estos hechos, solo había una respuesta lógica a este fenómeno, que el universo se estaba expandiendo en todas las direcciones respecto a nosotros. Además, notó que esta expansión también sucedía entre las galaxias, esto es, que las galaxias se estaban separando unas de otras también. Hubble dedicó muchos años de su vida al estudio de los espectros fotografiados y encontró que había una relación entre estos y la posición de las galaxias. De sus observaciones demostró que el corrimiento al rojo que detectaba en los espectros de las galaxias era proporcional a la distancia a la que se hallaban estas. En otras palabras, entre más lejana estaba la galaxia, más era el corrimiento al rojo de los espectros de los elementos químicos. Este enunciado es conocido como la ley de Hubble. Por otro lado, la ley de Hubble nos da la oportunidad de calcular la edad de nuestro universo. Si determinamos el valor de la constante de proporcionalidad conocida como la constante de Hubble podemos figurar cuándo nació el universo. En los tiempos de Hubble no se contaba con aparatos precisos para determinar la constante de Hubble con precisión y en ese entonces se obtuvieron resultados fuera de la realidad. El valor encontrado para la constante de Hubble en esos tiempos predecía que el universo tenía una edad de tan solo 2000 millones de años. En esos tiempos, se sabía que, por la desintegración de los materiales radioactivos presentes en la Tierra, la edad de la Tierra era de más o menos de unos 4500 millones de años. El lector debe saber que la constante de Hubble no concuerda con el principio de naturalidad de la física, porque en cada experimento que se realiza para encontrar su valor real se llega a resultados diferentes. Nunca se obtiene un valor exacto de esta constante en los experimentos. En los tiempos de Hubble y aún hoy no se sabe el motivo por el cual las galaxias se alejan unas de otras, hay que hacer hincapié que esto es de acuerdo con el modelo estándar de la cosmología. Además, por si fuera poco, físicos y astrónomos han descubierto que aparte de que las galaxias se están separando, también se están acelerando. ¿Qué es lo que provoca que el universo se acelere? La segunda ley de Newton nos dice que si una masa se acelera es porque existe una fuerza continua que está realizando este efecto. ¿Existe una fuerza universal que genere la expansión? La teoría del Big Bang sugiere que toda la energía que hay en el universo hasta hoy tuvo su aparición en el principio de la gran explosión. Una parte de esa energía se gastó en la inflación y la demás se transformó en materia y ondas electromagnéticas. Luego, entonces, la teoría del Big Bang no nos da las bases para inferir el porqué de que haya una fuerza que esté expandiendo el universo. Esto ha obligado a los físicos a buscar otra fuente que esté proporcionando energía al sistema universo. Así que los físicos han propuesto como solución la existencia de la energía obscura. La energía obscura es un tipo de energía que estaría presente en todo el espacio, produciendo una presión que tiende a acelerar la expansión del universo. La energía obscura es tan inmensa que representa el 67 % de toda la materia presente en el universo. Para los físicos en la actualidad dan por hecho que la fuerza universal que está acelerando a las galaxias es la energía obscura. Los físicos la llamaron energía obscura porque es una energía indetectable, algo que no interacciona con la luz, pero que debe ser la razón por la cual el espacio está creciendo. A lo largo de este manuscrito hemos hablado de cómo los físicos y astrónomos han recurrido a conceptos que no tienen base científica ni experimental y los aceptan como si lo fueran. Los científicos para explicar ciertos fenómenos que se dan en la naturaleza utilizando el modelo estándar de la física de partículas entran en un callejón sin salida porque sencillamente el modelo estándar no tiene los criterios para solucionar el problema que se presenta apegado a la realidad. Dijimos que Gamow tuvo que inventar el efecto túnel para que dos protones se pudieran fusionar en estrellas como nuestro Sol que no tiene la temperatura suficiente para hacerlo. Según el modelo estándar, las fuerzas electroestáticas de repulsión que existen entre los protones solo se pueden vencer cuando la estrella tiene al menos una temperatura de 10 000 millones de grados Kelvin. Tuvieron que inventar el spin del electrón y su momento magnético intrínseco para explicar el magnetismo que encontramos en algunos elementos químicos. Nos hicieron aceptar que las ondas electromagnéticas viajan en el vacío cuando demostramos que el vacío no existe en la naturaleza ya que todo el universo está ocupado o lleno de los efectos de la gravedad. Han inventado las partículas virtuales para decirnos cómo se dan las interacciones entre las cargas eléctricas y los polos magnéticos. También utilizan las partículas virtuales para que se formen los mesones que crean la fuerza nuclear fuerte. Inventaron el vacío cuántico para explicar el efecto Casimir. Nos dicen que la materia obscura es la responsable de que las estrellas de las galaxias se hallan acelerado y ahora de que la energía obscura está acelerando a las galaxias y expandiendo al espacio de una manera exponencial. Pero ¿cuál es la raíz o el meollo del asunto para proponer la existencia de la materia y la energía obscura en el universo? Ya lo dijimos antes, que la cantidad de materia existente en el universo no les alcanza para que la teoría del Big Bang sea correcta y sin la teoría del Big Bang los científicos quedan en pañales, sin bases y fundamentos para entender lo que ocurre en el universo. El mismo Einstein concebía un universo cerrado, cíclico, un universo de vaivén, un universo basado en una geometría elíptica o de Riemann y que por esta razón en un principio no incluyó la constante cosmológica en su teoría de la relatividad general. ¿Se puede explicar la expansión del universo de otra manera? El modelo dialéctico nos da las herramientas para explicar la expansión del universo sin tener que inventar materia y energía obscura indetectables. El universo dialéctico no ocupa la energía obscura para saber cómo se aceleran las galaxias o cómo se expande el universo por la simple razón de que se basa en la causalidad de la naturaleza. Las tres leyes del materialismo dialéctico están basadas en el principio de la causalidad. Para visualizar la expansión del universo en el modelo dialéctico es necesario recordar que en el principio del manuscrito hablamos de que la primera ley de la dialéctica nos habla de la unidad y lucha de contrarios y que esta lucha solo se puede dar si existen dos universos; el universo materia y la antimateria. De lo antes mencionado, inferimos que si la materia en nuestro universo se comporta como una onda como lo propuso De Broglie, es porque el universo es una onda. El comportamiento del todo se refleja en sus partes o si las partes más simples del universo se comportan como una onda es porque el todo es una onda. Una onda es, pues, una perturbación que se propaga en el espacio, que transporta energía, pero no materia. Aquí es donde radica la diferencia entre el universo dialéctico y el Big Bang. El Big Bang es un universo acotado, que surge de una explosión y no da para más. Puede que siga expandiéndose hasta el fin de los tiempos, hasta que muera de frío o que por alguna razón se empiece a contraer y llegado el momento vuelva a renacer como se dio el Big Bang. Por el contrario, el universo dialéctico se expande como toda onda. Empieza con una amplitud de onda de valor cero en su inicio y se empieza a expandir al aumentar su amplitud de onda y va creciendo con el tiempo hasta que adquiere su máximo valor o su máxima expansión, para luego empezar a disminuir hasta que la onda llegue a su mínimo valor. Todo indica que nuestro universo es aún joven, está en la etapa en la cual crece aceleradamente. Los datos que se obtienen de la observación de las galaxias indican que está aumentando el espacio entre ellas. ¿Qué tan joven es nuestro universo? Cuando estaba en la Facultad de Fisicomatemáticas tuvimos una conferencia donde se habló que la teoría de la relatividad general de Einstein pronosticaba una edad de 69 000 millones de años para nuestro universo, si esto es verdad y si el universo es una onda, pues necesitaría 34 500 millones para llegar a su máxima amplitud de onda y tardaría otros 34 500 millones de años para contraerse y desaparecer. De esos 69 000 millones de años el universo ocuparía la mitad del tiempo acelerándose y la otra mitad desacelerándose hasta obtener su mínima amplitud de onda. Quiere decir que el universo se acelerará por 34 500 millones de años y luego tardará otros 34 500 millones de años desacelerándose. Si nuestro universo tiene una edad de 13 800 millones de años, quiere decir, que durará otros 20 700 millones de años más acelerándose para luego entrar a la etapa de desaceleración. De los datos anteriores se confirma que efectivamente nuestro universo es un universo joven. Lo hemos dicho varias veces, la energía que produce la perturbación espacial en nuestro universo se obtiene del universo antimateria mediante un gusano blanco como lo vamos a describir en el capítulo que sigue. También hemos dicho que llegado el momento nuestro universo va a crear su propio gusano blanco para darle energía al universo antimateria en su nacimiento de acuerdo con la primera ley del materialismo dialéctico. Yo pienso que con toda esta información queda claro el motivo y el porqué de la expansión por la que está pasando el universo. Pero antes de terminar con el capítulo quiero hacer una analogía entre nuestro universo y las ondas mecánicas que se forman en nuestro medio ambiente. Para ello, nos vamos a referir al comportamiento de una onda, ya sea marina o cualquier tipo de onda. Imaginemos una onda en una superficie de agua. Mientras no llega la perturbación a un punto dado de la superficie del agua, sus moléculas están en reposo, pero cuando llega la perturbación las moléculas del agua son aceleradas en un movimiento vertical y luego se desaceleran hasta que la onda llega a su mínima amplitud. Lo mismo pasa en el universo, donde las galaxias serían las moléculas del agua, nada más hay que tomar en cuenta que el universo está acelerado desde que nació y cuando nació no había galaxias, pero sí había ondas electromagnéticas que se transformaron en electrones y positrones, que a la vez se se convirtieron en neutrones y luego en protones.

LA NEGACIÓN DE LA NEGACIÓN

La tercera ley del materialismo dialéctico viene siendo un proceso en el cual se niega la tesis con una antítesis y a la vez se niega esta en la síntesis para luego negarla y así sucesivamente, que como ya explicamos al principio del manuscrito la síntesis se convierte de nuevo en tesis, en una forma dialéctica, pero el proceso no implica una forma continua y lineal, sino un proceso en espiral ascendente, donde lo negado no es destruido completamente, sino superado en un zigzag ascendente, es una negación dialéctica. La negación de la negación literalmente significa una afirmación, pero no debemos tomarlo de esta forma, sino algo que cambia para bien o para mal. La negación de una naturaleza puede darse por saltos, sacudidas, catástrofes, revoluciones o pacíficamente, pero en el proceso puede ir implícita la violencia. Si reflexionamos sobre la evolución de las especies vemos que en este proceso ha ocurrido todo lo antes mencionado. Algo trascendental es que las especies tienden a querer ser inmortales y para ello se niegan a ser ellas mismas y es por eso por lo que su descendencia presenta modificaciones genéticas que les permita inmediatamente o en el futuro adaptarse al medio ambiente cambiante en que viven o sino desaparecer para siempre. La Tierra no es la excepción, como planeta fue cambiando y en el devenir de los años esos cambios permitieron que surgiera la vida, su orografía, su atmósfera, sus ríos y sus mares. Todo de manera natural o mediante catástrofes, pero en un zigzag ascendente. La vida intrínsecamente tiene el propósito de conservarse por siempre, busca la inmortalidad como fin. Los seres que son inmortales, pues no tienen ningún problema, existen y ya, pero para los seres que mueren, que no son inmortales se valen de una serie de estrategias para subsistir y una de ellas es la reproducción, especie que no se reproduce, desaparece, y la naturaleza da opciones como es el hecho de negarse a lo que son y volverse a negar para perdurar el máximo tiempo. Hasta hoy se sabe que no hay especies eternas, millones de especies han nadado, caminado y enverdecido el planeta Tierra y todos ellos siguen un patrón en el cual la semilla o semen se niega a sí misma y se transforma en planta o ser, la planta crece y se forma la flor o aparato reproductor, la cual se niega a sí misma por las pequeñas diferencias a sus progenitores que los pueda llevar a la inmortalidad o a su extinción. Un caso muy particular es el que todos nosotros experimentamos y que a veces lo ignoramos o nos hacemos los desentendidos y es que vivimos y morimos a la vez. Cuando nacemos, nacemos con un determinado número de células, pero cuando llegamos a la edad de unos veinticinco años todas las células con las que nacimos ya se murieron. Antes se pensaba que las neuronas, las células del cerebro, no se reproducían, pero hoy se sabe que sí lo hacen y continuamente se están muriendo y naciendo. Cuando una de nuestras células se niega a morir, de inmediato entramos en pánico, porque prácticamente estamos condenados a morir de un cáncer. Hay que morir para vivir y esto no solo pasa con la vida, sino que también pasa con el universo. Somos un reflejo de los procesos de selección que abundan en la naturaleza. En el modelo estándar de la cosmología se figura que el universo nació del Big Bang, pero se ignora cómo va a hacer su final. En la teoría del Big Bang no hay ningún proceso que lo niegue como universo hasta ahora. Los científicos se han dedicado a decirnos algunas posibilidades que se pudieran presentar en el desarrollo del universo en el futuro. Albert Einstein en su teoría de la relatividad general concebía un universo estático en el tiempo que poseía una distribución constante de la materia. Este universo de Einstein era el resultado de utilizar la geometría de Riemann que figuraba una curvatura espacial elíptica cerrada. Como consecuencia del descubrimiento de Hubble de que el universo se hallaba en expansión, Einstein cambió su universo estático por un universo en expansión. En el modelo estándar con un universo en expansión caben dos posibilidades: la primera es que se siga expandiendo el universo eternamente hasta llegar al extremo de que las galaxias se separen tanto que no se puedan ver o detectar unas de las otras. Al final de los tiempos, todas las estrellas que brillan explotarán y no va a haber suficiente material en el espacio para formar otras nuevas y todas las galaxias del universo tendrán una muerte lenta y térmica una por una. La segunda opción es que la expansión cese y se produzca una contracción espacial donde el universo colapse en un Big Crunch y surja un nuevo Big Bang. En este escenario, cuando el Big Crunch haya concluido, no se puede afirmar que de inmediato se dé otro Big Bang. El modelo estándar de la cosmología ha propuesto que el universo se inicia por una singularidad gravitacional y no por una contracción de un universo existente como lo es el Big Crunch.

La primera ley del materialismo dialéctico nos indicó cómo debe ser el universo materia y antimateria y cómo se necesitan ambos universos para subsistir, que ambos universos no pueden estar separados y tampoco tocarse porque de inmediato se aniquilan en un santiamén. La tercera ley del materialismo dialéctico nos muestra cómo debe ser el proceso para que se dé esa conexión entre ambos universos. Ambos universos se niegan a sí mismos, sin la negación a su existencia no hay supervivencia y aquí es donde entra en acción la fuerza más débil de los universos, la fuerza de la gravedad. Demostramos que la fuerza más poderosa a nivel del átomo era la fuerza magnética y unida a la fuerza eléctrica construyen todos los elementos químicos y las moléculas covalentes. La fuerza eléctrica es la responsable de que se formen todas las moléculas que componen los materiales que nos rodean sin descontar lo más precioso que tenemos como lo es la vida. La gravedad, una fuerza enclenque que con el transcurrir del tiempo se convierte en la fuerza más poderosa de la naturaleza, capaz de modificar el espacio y el tiempo en el universo, capaz de construir estrellas y capaz de crear agujeros negros. Solo tres fuerzas son suficientes para que se dé la creación de todo lo que existe en el universo. En el principio del universo, el universo estaba ocupado solo de electrones, positrones y neutrones, formando nubes inmensas, casi infinitas de ellos, que por la acción de la fuerza de la gravedad se fueron acumulando, átomo por átomo hasta que fue tanto la acumulación que empezaron a brillar. Un objeto que brilla con luz propia se le llama estrella. En el universo hay estrellas de todos tamaños desde enanas hasta gigantes. Las estrellas empiezan a brillar porque consumen energía que obtienen de la masa inercial que adquirieron los electrones cuando fueron acelerados en el inicio del universo y ahora ellas convierten a los neutrones en protones y a los protones los fusionan para producir helio y como residuo quedan las ondas electromagnéticas que vemos como brillo. Después, en el universo temprano se forman grandes nubes de materia atómica de donde nacen las primeras estrellas. Las estrellas son entes excepcionales, tienen una serie de funciones que lo dejan a uno anonadado. Son fábricas de materia y luz, materia que transforma en diferentes elementos químicos y los va almacenando en el transcurso de su vida y cuando llega al término de ella los desperdiga en su hogar o galaxia. Tuvieron que pasar varias generaciones de ellas capturando los desperdicios de sus antecesoras para coger elementos químicos más pesados y volverlos a entregar a la galaxia cuando terminara su vida útil. Los científicos aseguran que ya en la cuarta o quinta generación de estrellas ya había suficiente materia para que se formaran en el universo los primeros planetas. Se puede decir que en la quinta generación de estrellas pululaban por todo el universo planetas, unos unidos a las estrellas formando sistemas solares y otros vagando en el universo. Con tal abundancia de planetas en el universo empezó a crecer la posibilidad de que los elementos químicos se organizaran de tal forma y bajo ciertas condiciones se produjera la vida. La segunda ley del materialismo dialéctico habla sobre la transición de la cantidad a la cualidad y qué mejor ejemplo que la vida. La vida es lo más sagrado que nos puede dar la materia, sin la materia no hay vida, sino respiramos materia en forma de oxígeno de inmediato morimos y las plantas sino toman de la atmósfera materia en forma de dióxido de carbono tampoco existieran ni ellas y mucho menos nosotros. La vida de acuerdo con el materialismo dialéctico es consecuencia de una realidad dialéctica porque surge de la abundancia de los elementos químicos. Y, además, la vida es una cadena donde la vida vive de la vida como lo muestra la tercera ley de la dialéctica donde se da un proceso no lineal sino ascendente. Lo mismo le pasa al universo, es más, se puede decir que el universo está vivo, porque requiere un proceso de etapas para continuar vivo y de esas etapas nos ocuparemos en las siguientes líneas. Lo primero que debemos preguntarnos es ¿qué fue lo primero que surgió en el universo? En el principio del universo de acuerdo con el modelo dialéctico solo existía polvo nuclear formado por electrones, positrones y neutrones que por la acción de la fuerza de la gravedad se fue aglomerando y de donde nacieron las primeras estrellas. Ya hablamos de que los planetas tuvieron que surgir hasta la cuarta o quinta generación de estrellas. El término galaxia de acuerdo con el modelo estándar se define como el conjunto de estrellas, nubes de gas, planetas, polvo cósmico y materia obscura y energía unidas gravitacionalmente formando una estructura más o menos definida. Así que por definición primero fueron las estrellas y mucho después las galaxias. Como dijimos en uno de los párrafos anteriores, en el principio del universo se crearon estrellas de diferentes tamaños que brillaron por millones de años que cuando se les acabó el combustible que las mantenía brillando colapsaron y explotaron arrojando a la inmensidad del espacio su contenido. Pero no todas las estrellas contaron con la misma suerte, ya que algunas de ellas con masas superiores a diez veces o más la masa de nuestro Sol, colapsaron y explotaron, pero arrojando solo sus capas externas permaneciendo su núcleo y cuando esto sucede, por la acción de la gravedad lo comprime y en este caso puede suceder que la estrella en agonía se convierta en una estrella de neutrones o en un agujero negro. La tercera ley de la dialéctica habla de estos hechos, la estrella en cuestión niega su naturaleza y mediante una catástrofe o una revolución adquiere otra naturaleza. La acción por la cual se da este cambio puede ser para algunos un mal y para otros un bien. Los que lo toman como una catástrofe piensan que un agujero negro es una calamidad para el universo, el inicio de la extinción de la materia. En cambio, para otros significa algo revolucionario, una acción que corta de tajo el *statu quo* del universo y empieza una nueva era en el universo donde los agujeros negros comienzan a dominarlo. Así en el principio del universo los primeros agujeros negros fueron el corazón de las futuras galaxias. Alrededor de los agujeros negros se fue acumulando material de todo tipo que arrojaban las estrellas y en el transcurso del tiempo fueron devorando más materia y luz aumentando su atracción gravitatoria, para convertirse en lo que ahora llamamos agujeros negros súper masivos. ¿Se puede decir que por cada agujero negro que existió en el principio de los tiempos existe hoy una galaxia? Yo creo que sí, aunque se puede decir que día con día se están muriendo estrellas gigantes en todo el universo y por consiguiente se están formando nuevos agujeros negros por doquier. Las galaxias también colapsan entre ellas y aunque no se destruyen, sí se forman nuevas galaxias con más material, más estrellas y con más agujeros negros, por la simple razón de que se suman los agujeros negros de ambas galaxias en la nueva parte central de estas. Los agujeros negros capturados en este proceso también pueden chocar y formar agujeros negros más grandes y supermasivos.

Ya hablamos en un capítulo anterior de que el vacío absoluto no puede existir en el universo. El universo está interconectado con todas las galaxias mediante la fuerza de la gravedad. Demostramos que no hay ningún punto del universo donde no esté presente el campo gravitacional producido por la masa de todos los cuerpos que hay en el universo. Hasta podemos afirmar que sin campo gravitacional no puede existir el espacio. Esto lo digo, aunque no sé si estoy cien por ciento en lo correcto, ya que el hecho de hablar de gravedad está implícito hablar de energía cinética y de potencial de los cuerpos que están inmersos en él, que modifica su entorno o espacio. Einstein hablaba de que energía y masa eran equivalentes en su famosa ecuación $E = mc^2$. El universo en su máxima expresión es una relación de gravedad-espacio-tiempo o masa-espacio-tiempo. Aunque algunos físicos no consideran que la gravedad sea una fuerza, debido al principio de equivalencia propuesto por Albert Einstein. El principio afirma que un sistema inmerso en un campo gravitatorio es igualmente indistinguible de un sistema de referencia no inercial acelerado. En cierta manera el principio es correcto, pero si tomamos todo el universo como marco de referencia no es posible que se cumpla el principio de equivalencia. Aunque, prácticamente un sistema acelerado no inercial es un sistema creado por el hombre, es una gravedad artificial que no escapa al campo gravitatorio universal, lo que significa que es relativo que depende de un punto de referencia. Se puede decir que dentro de la estación espacial no hay gravedad, pero la gravedad es la responsable de que la estación espacial viaje alrededor de la Tierra y la Tierra y la estación espacial alrededor del Sol y en una situación extrema podemos decir que la galaxia Andrómeda está influenciando a toda nuestra galaxia y con ello a nuestro sistema solar. La ingravidez de la estación espacial se cumple para su marco de referencia, pero no necesariamente para un marco de referencia universal donde incluya a todo el universo. Pero ¿por qué estamos hablando de la fuerza de la gravedad? Estamos hablando de la gravedad porque en el universo se están construyendo puntos acumulativos de masa. Quizás el lector sabe que nuestra galaxia pertenece a un grupo de cincuenta y dos galaxias. La galaxia que predomina en este grupo de galaxias es la galaxia de Andrómeda, una galaxia que es el doble de tamaño de la Vía Láctea, las otras cincuenta galaxias son galaxias pequeñas. Lo curioso de todo esto es que este grupo de galaxias no están estáticas en una región del universo, sino que se están moviendo hacia la constelación de Virgo. Además, se ha descubierto que hay más grupos de galaxias dirigiéndose a la misma constelación. Unas dos mil galaxias forman el cúmulo de Virgo y todas esas galaxias que lo componen están moviéndose hacia el mismo punto. Pero, por si fuera poco, resulta que el cúmulo de Virgo no está tampoco estático, sino que se está moviendo en dirección del gran atractor, región del universo a donde se dirigen miles de galaxias. En el año de 2014 se descubrió que el gran atractor y varios supercúmulos son parte de una gran región del universo que se le llamó Laniakea. Laniakea es una palabra hawaiana que significa cielos inconmensurables y es una región del universo que agrupa a cuatro supercúmulos de galaxias que están relativamente próximas entre sí. El primero es el supercúmulo de Virgo que contiene al grupo local y por lo tanto a nuestra galaxia la Vía Láctea. El segundo es el supercúmulo de Hidra-centauro que contiene al gran atractor que es el centro gravitacional del sistema y a la gran muralla de Antlia o cúmulo de Hidra. El tercero es el supercúmulo del Centauro y por último tenemos al supercúmulo Meridional que incluye al cúmulo de Fornax, al cúmulo del dorado y al cúmulo de Erídano. Laniakea es una región del universo con una extensión de 520 millones de años luz en su diámetro que representa el 0.4 % del universo observable. Si consideramos a Laniakea como un sistema cerrado, podemos decir que Laniakea es un supercúmulo compuesto por unas cien mil galaxias.

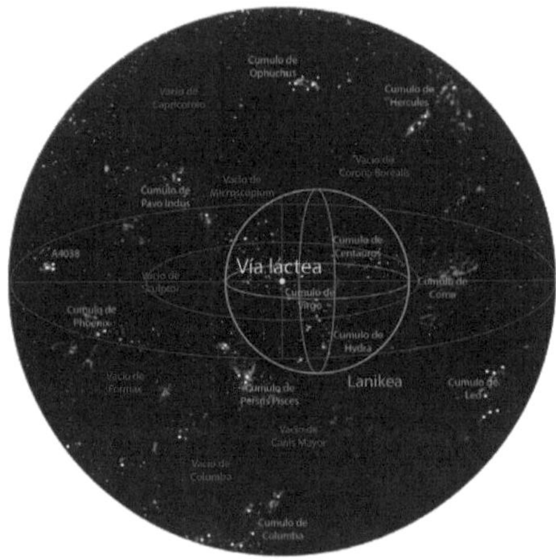

Lanikea

Figura 61.

Pero Laniakea no es el único supercúmulo que existe en el universo. Laniakea no está sola en el universo, se ha detectado otro supercúmulo que es dos o tres veces más masivo que ella que se le llamó supercúmulo de Shapley. El supercúmulo de Shapley está compuesto de doscientas a trescientas mil galaxias y está ejerciendo una atracción gravitatoria sobre Laniakea que obliga al supercúmulo local a moverse hacia la región del supercúmulo de Shapley. La distancia entre los supercúmulos de Laniakea y Shapley es inmensa, miles de veces la extensión de Laniakea y aun así existe una atracción gravitatoria entre ellos, lo que viene a confirmar mi tesis de que no existe el vacío absoluto como tal en el espacio sideral, sino, lo que existe es la influencia del campo gravitacional en todos los rincones del universo. Se calcula, además, que en el universo observable hay por lo menos seis millones de supercúmulos y todos ellos son factibles de contribuir a que se cumpla la tercera ley de la dialéctica. La tercera ley de la dialéctica, como vimos al comienzo del capítulo, conlleva la continuidad de las cosas mediante un proceso de negación de eventos que se dan en el universo. Pareciera que no hay excepciones a la tercera ley de la dialéctica y más en los acontecimientos en el universo. Toda naturaleza se niega a sí misma y qué bueno que suceda esto porque no tenemos entonces que asombrarnos de los fenómenos que se están dando en el universo. La pregunta obligada es ¿qué propósito tienen los agujeros negros? Ya hablamos de que las estrellas tienen dos maneras diferentes de morir. La primera es por medio de una explosión y la segunda posibilidad es cuando una estrella gigante llega al término de su vida explota como súper nova y arroja sus capaz externas al espacio y su núcleo por efecto de la gravedad se contrae para convertirse en una estrella de neutrones o en un agujero negro. Para responder a la pregunta anterior, lo que vemos es que los agujeros negros son centros de acumulación de masa y de ondas electromagnéticas cuyo propósito es incrementar la fuerza de gravedad en ciertos puntos del universo. Esto lo veremos más adelante, por ahora vamos a ver cómo fue que nos enteramos de estos cuerpos masivos. La idea de los agujeros negros surge de la teoría de la relatividad general de Albert Einstein. Pero Einstein consideró que no eran factibles con la realidad, que la teoría debería de revisarse y encontrar la anomalía que conducía a un resultado donde aparecían los agujeros negros. En ese entonces, varios científicos ya hablamos de lo que podía pasar en una catástrofe gravitacional. Por supuesto que la realidad se impuso, porque al estudiar a las galaxias se halló que algo pasaba con el movimiento de las estrellas que parecía que giraban alrededor de algo que no se podía detectar. Peor aún, se localizaron estrellas que iban arrastrando un halo de materia que se desvanecía en la nada del espacio. Ante estos hechos los astrofísicos retomaron la idea del agujero negro y llegaron a la conclusión de que estos astros sí existían pero que no reflejaban la luz y esa era la razón por la cual no los podían detectar. Lo consideran una anomalía en la estructura del universo. Pero para la filosofía sí tienen una razón de ser y es que con ellos se da la negación de la negación. ¿Por qué hay algo en el universo que niega al universo? Pues debe cumplirse la tercera ley de la dialéctica y el universo se niega a sí mismo con la producción de los agujeros negros que él mismo produce. Los agujeros negros son las semillas para que en el futuro nazca un nuevo universo. En el capítulo anterior vimos que los científicos calculan que nuestro universo tiene una edad de 13 800 años y que, si nuestro universo es una onda, lleva 13 800 millones de años existiendo, expandiéndose y en un estado de aceleramiento y que aún le faltan 20 700 millones de años para que deje de hacerlo. En esos 20 700 millones de años Laniakea se habrá prácticamente consumido en su totalidad por los agujeros negros lo suficiente para crear un archi-supermasivo agujero negro y lo mismo habrá pasado con el supercúmulo de Shapley que ya estará también convertido en un archi-supercúmulo, tan cerca uno del otro que ya estarán curvando el espacio-tiempo y formando un puente Einstein-Rosen.

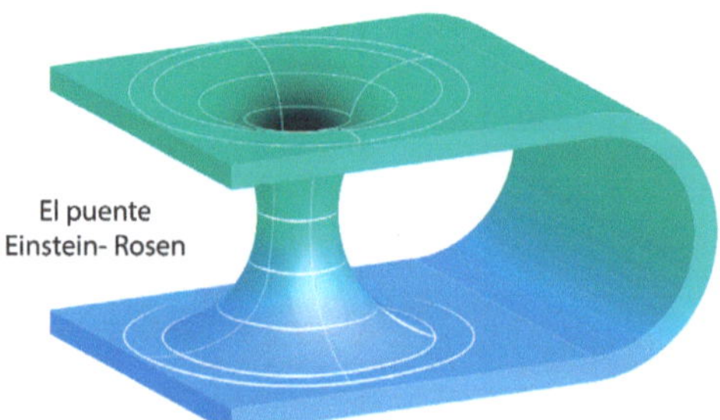

Figura 62.

Anteriormente dijimos que el propósito de un agujero negro es acumular materia y ondas electromagnéticas, pero ¿cuál es su función? De acuerdo con la primera ley de la dialéctica para que haya un universo debe haber los contrarios que lo formen. Dos contrarios subsistiendo uno del otro, de tal forma que no puede existir uno sin el otro. En nuestro modelo dialéctico figuramos un universo materia y antimateria. Estos universos no se pueden tocar por ningún motivo porque de inmediato desaparecen. Físicamente se considera que un universo es de energía positiva y el otro de energía negativa. En el universo antimateria el positrón materia haría la función del electrón, o sea el positrón antimateria estaría encerrado en el neutrón y el electrón girando fuera del neutrón para formar un protón antimateria y el neutrón estaría formado por masa radiante y el positrón por masa inercial. La función de los agujeros negros es conectar ambos universos y a la vez convertir la energía positiva de nuestro universo en energía negativa y transmitir esta al nuevo universo antimateria. Para lograrlo se necesitan tres archi-supercúmulos o hipercúmulos, ya tenemos a Laniakea y Shapley formando un puente Einstein-Rosen o gusano blanco y como tercer archi-supercúmulo tomaremos al hipercúmulo de Sarasvati como se ve en la figura 63.

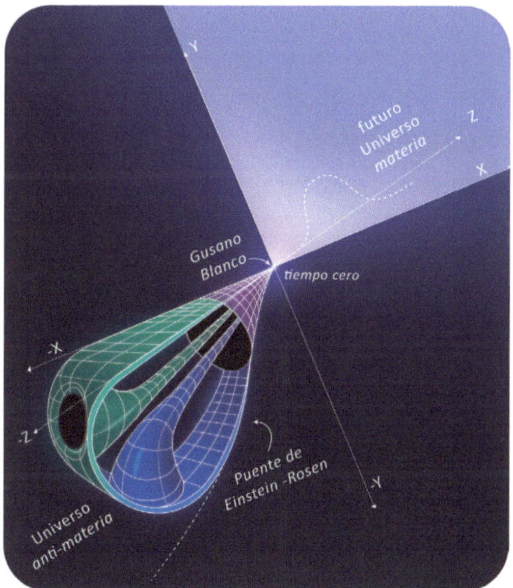

El gusano blanco inversor

Figura 63

El hipercúmulo de Sarasvati es uno de los más grandes del universo hasta ahora, con un diámetro de unos 600 millones de años luz. Es una estructura con la mayor cantidad de galaxias encontrada en el universo muy superior a la de Shapley y a la de Laniakea. A esta estructura formada por tres archi-supercúmulos la llamaremos gusano blanco inversor. El gusano blanco inversor tiene la capacidad de convertir la energía positiva a energía negativa. De la figura 63 vemos que los agujeros negros de Shapley y Laniakea depositan la energía positiva que están absorbiendo de nuestro universo al agujero negro de Sarasvati y este la convierte en energía negativa y la transmite al universo antimateria. ¿Cuándo empieza a funcionar el gusano blanco inversor o gubli? Para contestar la pregunta hay que recordar que según la teoría de Einstein el universo tiene una vida de 69 000 millones de años y que nuestro universo onda ocupa la mitad de ese tiempo en llegar a su máxima amplitud de onda. Cuando el universo llega a su máxima amplitud se detiene para empezar a disminuir en su amplitud de onda. Cuando el universo se detiene es la señal para que el gubli empiece a funcionar y transmitir energía negativa al universo antimateria naciente. La señal la percibe el gubli porque está en contacto con el contorno del universo onda como se ve en la figura 63 y cuando siente el apachurrón de la contracción es cuando inicia a arrojar la energía al nuevo universo anti-materia. El tiempo que dura funcionando el gubli son 34 500 millones de años, el tiempo que tarda la amplitud de la onda del universo en desvanecerse o llegar a cero metros. Al final de los tiempos de nuestro universo cuando los agujeros negros Shapley y Laniakea no tienen energía que succionar será succionado por el agujero negro de Sarasvati, el cual seguirá funcionando hasta que se consuma también. Cuando esto suceda es porque el universo antimateria ya formó sus tres agujeros negros súpermasivos y llegó a su máxima amplitud de onda y produjo la señal de la contracción para que estos agujeros o gubli antimateria transmita energía positiva para que nazca de nueva cuenta nuestro universo.

RESUMEN

El materialismo dialéctico fundamentado en sus tres leyes de la dialéctica nos permitió concebir un universo funcionando con solo tres fuerzas. Cada una de estas tres fuerzas domina en sus reinos, comenzando en los núcleos de los átomos y luego abarcando todo el universo. La fuerza magnética tiene la capacidad de unir núcleos y electrones, la fuerza eléctrica tiene el potencial de formar a las moléculas y la fuerza gravitacional une y guía a toda la materia del universo. En el transcurso del manuscrito se hizo notar que no ocupamos para nada la fuerza nuclear fuerte y ni la fuerza nuclear débil para formar átomos y moléculas o convertir protones en neutrones. Tampoco fue necesario hablar de materia y energía obscura para entender la expansión del universo y mucho menos de partículas virtuales para explicar los fenómenos eléctricos y magnéticos que ocurren en la naturaleza. Fuimos aplicando cada una de las leyes de la dialéctica y siempre concordaron con los fenómenos que se dan en la realidad. La primera ley nos llevó a la existencia de los universos materia y antimateria y sus relaciones entre ellos. La segunda ley nos permitió conocer cómo surgen las cargas eléctricas y lo más interesante fue saber que el electrón cuenta con una nueva característica con respecto a que su masa es diferente a la masa inercial, tiene una masa radiante. La tercera ley nos dio la certeza de que el universo se comporta como un ser vivo, que su único fin es persistir por la eternidad y para ello se sujeta a una serie de procesos naturales usando la fuerza de la gravedad para configurar un esqueleto de materia en todo el universo para lograr al final de cuentas la creación de un gusano blanco inversor.

Algo muy relevante fue encontrar que en el núcleo del hidrógeno se hallan las tres fuerzas fundamentales de la naturaleza en completa armonía. Por un lado, tenemos al positrón con su carga positiva girando a la velocidad de la luz sobre el neutrón o protón, arrastrando al electrón con su carga negativa en su interior y con su masa especial de radiación. El positrón y el electrón, ambos con su movimiento giratorio, son capaces de producir un campo magnético tan intenso que es propicio para construir átomos más pesados y moléculas fuertes indispensables en la formación de planetas y en la creación de la vida.

Es preciso que el lector entienda que, desde el comienzo del universo, solo dos partículas, el positrón y el electrón participan en los acontecimientos de este y la energía recibida del universo antimateria permitieron que el electrón adquiriera masa inercial y formara al neutrón, partícula fundamental para que haya habido desde un principio estrellas y todo lo demás. Sin estas tres partículas no se puede construir el universo en que habitamos. Sin ellas nada existe. Quiero hacer hincapié en la función del neutrón. Se puede decir que el neutrón es el alma de la naturaleza, aunque las tres partículas son indispensables, el neutrón juega un papel primordial en la formación de la materia porque es el que interacciona en los átomos para controlar los campos magnéticos y eléctricos. El neutrón en la vida real lo encontramos en los átomos muy pesados en cantidades que doblan el número de protones que los componen. Son tantos neutrones dentro del átomo que los protones no pueden protegerlos de los positrones. Los neutrones forman estructuras donde son pivotes de los átomos de helio y en determinado momento los neutrones pivote son impactados por los positrones o por otros neutrones rompiendo el equilibrio electromagnético interno y son arrojados al medio ambiente como partículas alfa u otros residuos derivados por el impacto.

Otro fenómeno que quiero recalcar es el que surge de las ecuaciones de Maxwell y es sobre la emisión de ondas electromagnéticas cuando partículas con carga eléctrica principalmente electrones son acelerados. Para la física clásica toda carga acelerada debe producir ondas electromagnéticas, pero en el modelo dialéctico no necesariamente debe ocurrir así. La velocidad es una cantidad vectorial y por lo tanto tiene magnitud, dirección y sentido. Luego, entonces, en la naturaleza hay dos formas de que un objeto sea acelerado; la primera por un cambio en la magnitud de la velocidad, fenómeno que usamos para producir ondas de radio o de televisión y la otra forma ocurre cuando la velocidad cambia de dirección. La naturaleza nos muestra que en ningún momento los electrones y los positrones irradian energía en forma de ondas electromagnéticas. Según el modelo dialéctico el positrón y el electrón siempre están girando en el protón, pero nunca están irradiando energía. Debemos interpretar este hecho diciendo que la naturaleza solo tiene una forma de emitir ondas electromagnéticas y no dos. Como dice el dicho "El hombre propone y la naturaleza dispone"

En las cámaras de burbujas se ve que los electrones pierden energía cuando son atrapados por el campo magnético del ciclotrón. Los electrones no pierden energía porque están irradiándola sino porque se están moviendo en un medio acuoso donde chocan con las partículas de este.

Por otro lado, vamos a reflexionar sobre el origen de las estrellas. Cuando se empezaron a formar en el universo temprano, el espacio no era tan amplio y sí contaba con una abundancia inmensa de materia, situación por la cual las primeras estrellas tuvieron que ser muy masivas, estrellas con masa de cientos de masas solares o hasta de miles de masas solares, por lo que, lo más probable es que estas estrellas cuando llegaron a su término de vida no explotaron, sino que se convirtieron en súper novas arrojando sus capas externas de materia al infinito y luego colapsaron gravitacionalmente y se convirtieron en agujeros negros. Se puede decir que la primera generación de estrellas que hubo en el universo fue la primera generación de agujeros negros. Y esto puede ser razonable porque como dijimos antes, los agujeros negros son indispensables para que se formen las galaxias. Los agujeros negros con su atracción gravitatoria empezaron a dominar grandes regiones del espacio y atraer y crear grandes nubes de polvo cósmico, lo cual representa el origen y el embrión de las futuras galaxias. Como podemos ver los agujeros negros juegan un papel muy importante desde el comienzo del universo y lo será hasta el final de su existencia. Sin los agujeros negros no puede haber un universo como lo conocemos. Los agujeros negros son el alfa y el omega del universo materia. Lo digo porque el telescopio James Webb en 2022 fotografió galaxias que son del tiempo en que el universo tan solo contaba con 300 millones de edad, hecho que no concuerda con la teoría del Big Bang, pero que sí concuerda con el universo dialéctico que pronostica que las primeras estrellas formaron agujeros negros y por consiguiente de inmediato empezó la formación de galaxias. Como dijimos en uno de los párrafos anteriores que en el principio el espacio no era tan grande, pero sí abundaba la materia, razón por la cual la cámara fotográfica del telescopio Webb constató que estas primeras galaxias son muy masivas, en contraposición a lo que afirma la teoría del Big Bang. Según la teoría del Big Bang en esos tiempos no existía la suficiente materia para formar galaxias tan masivas como la Vía Láctea, pero para el universo dialéctico ya había condiciones y bastante materia para que surgieran galaxias de ese tipo. En el universo dialéctico, prácticamente desde su surgimiento se empezó a crear materia y, por consiguiente, la suficiente para que hubiera una densidad de hasta cinco veces de la que pronostica la teoría del Big Bang. Dijimos al principio del manuscrito que la energía que proporcionaba el gusano blanco inversor a nuestro universo sirvió para aumentar el espacio y la temperatura de este y para acelerar al electrón a una velocidad cercana a la de la luz que causó que la energía se transformara en toda la masa inercial existente hoy en día en forma de neutrones. Por lo tanto, para el modelo dialéctico sí es posible la existencia de galaxias masivas en el comienzo de nuestro universo. Y lo anterior lo está confirmando de manera contundente el telescopio espacial James Webb.

www.ingramcontent.com/pod-product-compliance
Lightning Source LLC
Chambersburg PA
CBHW041220050726
47599CB00001B/13